NEPHROLEPSIS CORDIFOLIA

ONOCLEA SENSIBILIS
PERLFARN

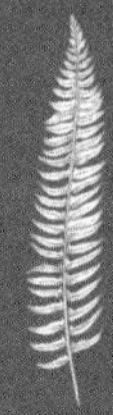

POLYSTICHUM MUNITUM
WESTAMERIKANISCHER SCHWERTFARN

WOODSIA ALPINA
ALPEN-WIMPERFARN

DRYOPTERIS FILIX-MAS
ECHTER WURMFARN

POLYSTICHUM BRAUNII
BRAUNS SCHILDFARN

ASPLENIUM CETERACH
SCHRIFTFARN

CRYPTOGRAMMA CRISPA
KRAUSER ROLLFARN

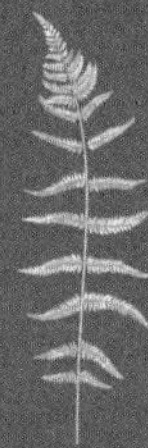

THELYPTERIS PALUSTRIS
SUMPFFARN

POLYSTICHUM ACULEATUM (L.) ROTH
GELAPPTER SCHILDFARN

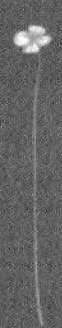

MARSILEA QUADRIFOLIA
VIERBLÄTTRIGER KLEEFARN

ASPLENIUM RUTA-MURARIA
MAUERRAUTE

ATHYRIUM FILIX-FEMINA
WALD-FRAUENFARN

CYRTOMIUM FORTUNEI
FORTUNES SICHELFARN

ASPLENIUM SEPTENTRIONALE
NORDISCHER STREIFENFARN

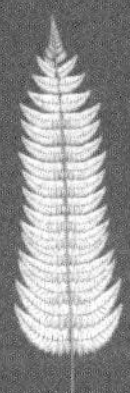

POLYSTICHUM LONCHITIS
LANZENFARN

ASPLENIUM TRICHOMANES
BRAUNSTIELIGER STREIFENFARN

OPHIOGLOSSUM VULGATUM
GEWÖHNLICHE NATTERNZUNGE

BOTRYCHIUM LUNARIA
ECHTE MONDRAUTE

OSMUNDA REGALIS
KÖNIGSFARN

DENNSTAEDTIA PUNCTILOBULA
FEINGEFIEDERTER SCHÜSSELFARN

OREOPTERIS LIMBOSPERMA
BERGFARN

PHEGOPTERIS CONNECTILIS
BUCHENFARN

ATHYRIUM DISTENTIFOLIUM
GEBIRGS-FRAUENFARN

ASPLENIUM VIRIDE
GRÜNSTIELIGER STREIFENFARN

CYSTOPTERIS ALPINA
ALPEN-BLASENFARN

CYSTOPTERIS MONTANA
BERG-BLASENFARN

WOODSIA ILVENSIS
SÜDLICHER WIMPERFARN

WOODSIA PULCHELLA
ZIERLICHER WIMPERFARN

MATTEUCCIA STRUTHIOPTERIS
STRAUSSFARN

FÜR LOVISA

1. Auflage: 2023

ISBN 978-3-258-08272-1

Aus dem Schwedischen übersetzt von Marie-Luise Schwarz, DE-Ratingen
Lektorat der deutschsprachigen Ausgabe: Frauke Bahle, DE-Freiburg
Satz der deutschsprachigen Ausgabe: Die Werkstatt Medien-Produktion GmbH, DE-Göttingen
Umschlaggestaltung der deutschsprachigen Ausgabe: Daniela Vacas, Haupt Verlag, CH-Bern

Fotografien von Elisabeth Svalin Gunnarsson
Illustrationen: Uffe Jernelo
Layout: Jojo Form, Nanny Zetterquist und Uffe Jernelo

Die schwedischsprachige Originalausgabe erschien 2019 unter dem Titel *Ormbunkar* bei Bokförlaget Langenskiöld, Schweden

Wir verwenden FSC®-zertifiziertes Papier. FSC® sichert die Nutzung der Wälder gemäß sozialen, ökonomischen und ökologischen Kriterien.

Gedruckt in Slowenien

MIX
Papier | Fördert gute Waldnutzung
FSC® C106954

Diese Publikation ist in der Deutschen Nationalbibliografie verzeichnet. Mehr Informationen dazu finden Sie unter http://dnb.dnb.de.

Der Haupt Verlag wird vom Bundesamt für Kultur für die Jahre 2021–2024 unterstützt.

ANTON SUNDIN

Vielfalt und Geschichte
einer der ältesten Pflanzengruppen

FOTOGRAFIEN VON
ELISABETH SVALIN GUNNARSSON

Haupt Verlag

INHALTSVERZEICHNIS

ASPLENIUM SCOLOPENDRIUM
HIRSCHZUNGE

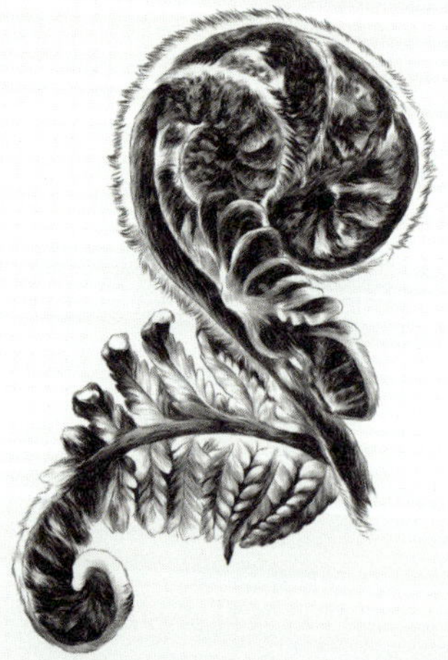

EIN GANZES BUCH NUR ÜBER FARNE?

Diese Frage wurde mir häufig gestellt, während ich dieses Buch geschrieben habe. Aber wer einmal damit beginnt, sich für Farne zu interessieren, entdeckt schnell, dass sie einem vielerorts begegnen – in der freien Natur und im Garten, in der Kunst, in der Inneneinrichtung und im Design. Als Gärtner richtet sich mein Interesse natürlich darauf, wie unglaublich vielseitig diese Pflanzengruppe für die Gartengestaltung ist. Mit Tausenden von Arten gibt es einen Farn für jeden Garten und jede Pflanzsituation, vom schattigen Waldgarten über den kargen, trockenen Steingarten bis hin zur Fensterbank im Wohnzimmer.

Bei Waldspaziergängen sieht man am häufigsten die leicht erkennbaren Tüpfelfarne und Adlerfarne. Ihre Wuchsform verbindet man ganz besonders mit Farnen. Vertieft man aber die eigenen Kenntnisse über diese Pflanzen, eröffnet sich eine ungeahnte Vielfalt! Farne gibt es in den verschiedensten Größen und Formen: von den winzigen Algenfarnen bis zu den gigantischen Baumfarnen, mit ungeteilten Blättern wie bei der Hirschzunge oder mit gefiederten wie beim vasenförmig wachsenden Straußfarn.

Farne zählen zu den ältesten Pflanzen auf unserer Erde – sie existieren seit circa 400 Millionen Jahren. Einige Arten, die heute in unseren Gärten und draußen in der Natur wachsen, haben ihre Ursprünge in dieser Zeit. Der Gedanke, dass wir zwischen denselben Pflanzen herumspazieren wie die Dinosaurier, ist atemberaubend. Dass etwas so Uraltes noch immer im Trend liegen und dabei so nützlich sein kann, ist faszinierend und macht den Farn spannender als viele aus modernen Züchtungen hervorgegangene Pflanzen, die im Gartendesign aktuell angesagt sind.

Farne haben in der Geschichte der Menschheit häufig eine wichtige Rolle gespielt, beispielsweise als Überlebende des großen Artensterbens oder als Medizin- und Nutzpflanzen. Ihr unverwechselbares Aussehen hebt sie von anderen Pflanzen ab und erinnert uns an eine vergangene Zeit. In vielen Sagen und Legenden gelten sie gar als magische Pflanzen.

Im Viktorianischen Zeitalter entwickelte sich vor allem in Großbritannien eine immense Begeisterung für Farne. Dieses Phänomen wurde als *The Fern Craze* bekannt – das Farnfieber. Männer und Frauen, von der Mittelklasse bis zum Adel, waren von Farnen wie besessen und die gesamte viktorianische Gesellschaft ließ sich von ihnen verzaubern. Die Formen und Muster fanden sich in der Kunst wieder, ebenso in Inneneinrichtungen und bei Gartenmöbeln, besonders in den Gartenzimmern und Farnhäusern.

Den Menschen dieser Epoche haben wir unser reiches Erbe an Farnen zu verdanken. Ihr botanisches Interesse und ihre Sammelleidenschaft brachten neue Erkenntnisse, und die damaligen Züchter arbeiteten emsig daran, neue Sorten zu kreieren, von denen viele bis heute erhalten sind.

Farne sind so viel mehr als nur Garten- und Zimmerpflanzen und deshalb ist dieses Buch ein Versuch, die Geschichte der Farne im Ganzen zu erzählen – über die Botanik, aber auch über Mythen, Kunst und das Farnfieber. Es werden verschiedene Farnfamilien und Gattungen sowie eine Auswahl an Arten und Sorten vorgestellt. Außerdem gibt es Listen mit besonders geeigneten Vertretern für verschiedene Standorte sowie Ratschläge für die Gartenpraxis.

Ich hoffe, dass das Buch dazu beiträgt, das Interesse an Farnen zu wecken, an ihrer Vielseitigkeit und Schönheit sowohl im Garten als auch als Zimmerpflanzen in der Wohnraumgestaltung. Ich hoffe auch, dass das Buch Sie dazu anregt, neue Arten und Sorten auszuprobieren, vielleicht sogar solche, die bisher nicht als winterhart galten. Kurzum, ich möchte das Farnfieber wieder zum Ausbruch bringen!

GESCHICHTE UND

VERBREITUNG DER FARNE

DIE GRÜNEN VERWANDTEN DER URZEIT

Das Sonnenlicht scheint durch das Grün der riesigen Blätter der Baumfarne. Um sie herum schwirren Riesenlibellen wie in einem Kampf zwischen den Giganten. Aus weiter Ferne hört man Gebrüll von riesigen Tieren, die durch die dichten Wälder aus Farnen hindurchstampfen. In ferner Zukunft werden aus den Überresten dieser Wälder einmal gigantische Ölfelder entstanden sein, aber bis dahin ist es noch lang hin. Willkommen in der Welt der Farne und Dinosaurier!

Die Farne entwickelten sich vor circa 400 Millionen Jahren und gehören zu den wenigen Pflanzen, die aus dieser Zeit noch übriggeblieben sind. Sie waren bereits vollständig entwickelt, als 200 Millionen Jahre später Dinosaurier und andere, mittlerweile längst wieder ausgestorbene Lebensformen entstanden. Die blühenden Pflanzen, die Angiospermen, entwickelten sich erst vor circa 100 Millionen Jahren und die Tatsache, dass Farne keine Blüten besitzen und sich mit Sporen statt Samen verbreiten, verweist auf ihre Ursprünglichkeit.

KARBON – VOR CIRCA 350 MILLIONEN JAHREN

Das Karbon war das goldene Zeitalter der Farne. Das tropische Klima mit konstanten Jahrestemperaturen ermöglichte ein kontinuierliches Wachstum, sodass sich die urzeitlichen Wälder über weite Teile des Globus ausbreiten konnten. Die Wälder mit ihren verschiedenen Baumfarnarten müssen beeindruckend gewesen sein. Bis zu 40 Meter wurden manche hoch und beeindruckende zwei Meter breit. Zu dieser Zeit gab

Das älteste Farnfossil ist ungefähr 345 Millionen Jahre alt und stammt aus der Zeit, als die ersten Amphibien und Reptilien an Land erschienen. Dinosaurier, Vögel und Säugetiere gab es noch nicht. 2014 fand man im südschwedischen Korsaröd ein circa 180 Millionen Jahre altes Farnfossil. Es war so gut erhalten, dass man seine Zellen untersuchen konnte. Die Unterschiede zur heutigen Art *Osmundastrum cinnamomeum* sind verblüffend gering.

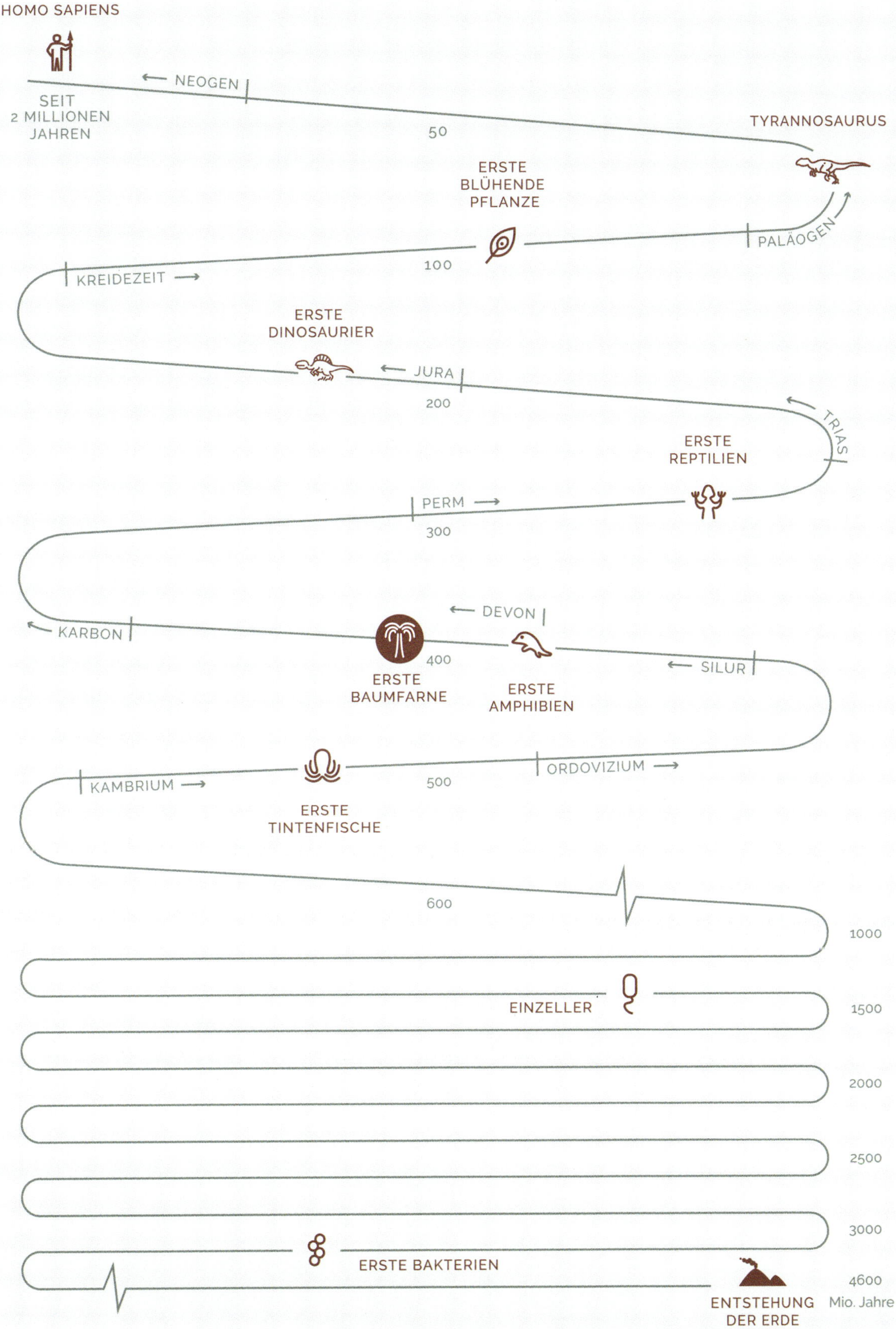

HOMO SAPIENS
NEOGEN
SEIT
2 MILLIONEN
JAHREN
50
TYRANNOSAURUS
ERSTE
BLÜHENDE
PFLANZE
PALÄOGEN
100
KREIDEZEIT
ERSTE
DINOSAURIER
JURA
200
TRIAS
ERSTE
REPTILIEN
PERM
300
DEVON
KARBON
400
SILUR
ERSTE
BAUMFARNE
ERSTE
AMPHIBIEN
KAMBRIUM
ORDOVIZIUM
500
ERSTE
TINTENFISCHE
600
1000
EINZELLER
1500
2000
2500
3000
ERSTE BAKTERIEN
4600
Mio. Jahre
ENTSTEHUNG
DER ERDE

es auch eine inzwischen ausgestorbene Gattung von Farnen, die Samen anstelle von Sporen bildeten.

Das besondere Gefäßsystem der Farne, zuständig für den Transport von Wasser und Nährstoffen, gab ihnen einen Vorsprung gegenüber anderen Pflanzen. Darüber hinaus entwickelten sie ein System, Holzsubstanzen in den Zellwänden einzulagern, was die Pflanze stabiler machte.

Über 40 Millionen Jahre dominierten diese urzeitlichen Pflanzen das Pflanzenleben auf der Erde, starben dann aber am Ende des Permzeitalters während des «Perm-Trias-Massensterbens» vor circa 250 Millionen Jahren aus. Es war das größte Massensterben der Erdgeschichte, bei dem schätzungsweise 90 Prozent aller Arten auf der Erde verschwanden.

Heute existieren also die ursprünglichen Farnarten aus dem Karbon nicht mehr, aber ein paar entfernte Verwandte entwickelten sich später zur Gruppe der eusporangiaten Farne, die es heute noch gibt. Zu ihnen gehören beispielsweise die bei uns wild vorkommenden Vertreter der Gattungen *Botrychium* (Mondrauten) und *Ophioglossum* (Natternzungen).

Wenn man im lichten Schatten eines Baumfarns steht, scheint man den Atem der Geschichte zu spüren. Die riesigen Baumfarnarten der Urzeit, die bis zu 40 m Höhe erreichen konnten, gibt es nicht mehr. Enge Verwandte dieser Urzeitfarne existieren heute jedoch noch.

KREIDE – VOR CIRCA 145 BIS 65,5 MILLIONEN JAHREN

Die nächste Epoche in der Entwicklung der Farne vollzog sich im Kreidezeitalter vor circa 100 Millionen Jahren. Dabei entwickelten sich die leptosporangiaten Farne, zu denen ein Großteil der heutigen Farne zählt. Beim Übergang von der Kreidezeit zum Paläogen gab es ein weiteres großes Massenaussterben.

Ungefähr die Hälfte der Arten auf der Erde starb, die bekanntesten darunter waren die Dinosaurier. Lange wurde in der Forschung diskutiert, was das Massenaussterben verursacht hat. Heute sind sich die meisten Forschenden einig, dass es sich um einen großen Asteroiden gehandelt haben muss, der auf die Erde traf. Dieser Asteroid hatte vermutlich einen Durchmesser von 16 km und traf die Erdoberfläche mit einer solchen Wucht, dass die dadurch gebildete Staubwolke die Sonne mehrere Monate– vielleicht sogar mehrere Jahre – verdunkelte. Als die Sonnenstrahlen die Erde nicht mehr erreichten, funktionierte die Foto-

synthese der Pflanzen nicht mehr, die Nahrungskette wurde unterbrochen und fast alle damaligen Arten starben aus.

Zu Beginn des Paläogens war ein Großteil der Erdoberfläche ein einziges Ödland, kaum eine Pflanze war zu sehen. Dann gewannen erstaunlicherweise wieder die Farne die Oberhand – zumindest für kurze Zeit. Untersuchungen von Felsen aus der Kreidezeit zeigten, dass 20–25 Prozent der gesamten Sporen und Pollen in der Luft damals von Farnen stammten. Nach dem großen Artensterben am Ende der Kreidezeit lag der Anteil der Farnsporen bei bis zu 99 Prozent. Danach sank die Zahl wieder auf den vorherigen Wert.

Dieses Phänomen nennt sich «the fern-spike». Die Farne mit ihren sich leicht verbreitenden Sporen überlebten und übernahmen die Führung, als viele andere Pflanzenarten ausstarben. Farnsporen benötigen Licht, um zu keimen. Da die Böden brachlagen und die Farne nicht mit anderen Pflanzen um Licht konkurrieren mussten, gelang dies ausserordentlich gut. Manche Sporen enthielten Chlorophyll, wodurch sie bessere Überlebenschancen hatten. So schufen Farne eine neue Umgebung, in der auch samenbildende Pflanzen wieder wachsen konnten. Viele der Pflanzen, die wir heute in der Natur finden, verdanken wir also den Farnen!

Einen Großteil des Lebens auf unserem Planeten verdanken wir den Farnen. Sie überlebten das große Massenaussterben vor 65 Millionen Jahren und hielten die Erde weiter bewachsen. So bahnten sie den Weg für samenbildende Gewächse und andere Organismen.

Die Farne sind eine sehr heterogene Gruppe, sowohl in Bezug auf ihre Formen als auch die bevorzugten Standorte. Ihre Fähigkeit, sich anzupassen und mit blühenden Pflanzen zu konkurrieren, die über biologisch effizientere Verbreitungsmethoden verfügen, könnte ein Grund dafür sein, dass sie zum Teil bis heute überlebt haben – auch wenn die heutigen Arten nur einen Überrest der urzeitlichen Farne darstellen, die das Pflanzenleben auf der Erde über viele Millionen Jahre beherrschten.

Die Überlebens- und Anpassungsfähigkeit der Farne hat dazu geführt, dass wir sie heute überall auf der Welt finden, in praktisch jeder Klimazone, vom Regenwald bis ins kalte Grönland. Die Farne gehören zweifellos zu den ältesten noch existierenden Pflanzen, aber die Behauptung, dass alle Farne älter sind als Blütenpflanzen, ist nicht ganz wahr. Marattiaceae, die älteste existierende Farnfamilie, ist sicher 209 Millionen Jahre älter als die ältesten blühenden Pflanzen, Osmundiaceae ist ungefähr 100 Millionen Jahre älter. Aber die meisten der heutigen Farne entwickelten sich erst vor ungefähr 75 Millionen Jahren – was sie demnach circa 70 Millionen Jahre jünger macht als die ältesten blühenden Pflanzen.

VERBREITUNG DER FARNE

1. *ATHYRIUM DISTENTIFOLIUM*
Nördliche Erdhalbkugel, in Bergregionen über 600 Meter. Skandinavien, nördliches Großbritannien (besonders Schottland), Alaska, Grönland.

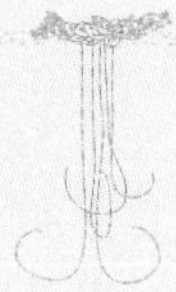

2. *AZOLLA FILICULOIDES*
Warm temperierte und tropische Gebiete Amerikas sowie weite Teile Europas, Afrikas, Asiens und Australiens.

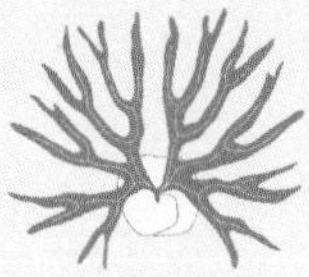

3. *PLATYCERIUM BIFURCATUM*
Subtropische Gebiete in Südamerika, Afrika, Asien und Australien.

13. *ADIANTUM PEDATUM*
Aus den feuchten Wäldern im östlichen Nordamerika.

14. *POLYSTICHUM MUNITUM*
Einer der häufigsten heimischen Farne Nordamerikas.

7. *ADIANTUM RADDIANUM*
Die beliebte Zimmerpflanze stammt aus den tropischen Gebieten Südamerikas sowie aus dem südlichen Afrika.

8. *AGLAOMORPHA MEYENIANA*
Sehr dekorativer Farn aus der Familie der Tüpfelfarngewächse. Stammt von den Philippinen.

9. *BLECHNUM TABULARE*
Subtropische Gebiete Südamerikas, Afrika, Asien und Australien

4. ***ATHYRIUM NIPONICUM***
Ostasien

5. ***CYATHEA BROWNII***
Größter Baumfarn der Welt, bis 25 m hoch. Wächst nur auf Norfolk Island.

6. ***CYATHEA DEALBATA***
Die Nationalpflanze Neuseelands. Die Unterseite der Blätter schimmert silbrig.

15. ***ONOCLEA SENSIBILIS***
Perlfarn – ursprünglich aus Russland und Nordasien, aber auch in Nordamerika häufig. In Deutschland gilt er als unbeständiger Neophyt.

16. ***NEPHROLEPIS CORDIFOLIA***
Diese Schwertfarnart ist eine beliebte Zimmerpflanze aus Australien und wächst wild in subtropischen Gebieten auf der südlichen Erdhalbkugel.

10. ***DIPLAZIUM SIBIRICUM***
Nördliches Schweden, Finnland und Russland

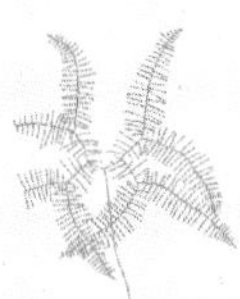

11. ***GLEICHENIA MICROPHYLLA***
Der kleine Farn wird häufig als Korallenfarn bezeichnet, weil sein Aussehen an Korallen erinnert. Wächst wild in Australien und Neuseeland.

12. ***DRYOPTERIS CYCADINA***
Nordindien, Taiwan, China und Japan

BOTANIK

UND MORPHOLOGIE

AUFBAU UND MERKMALE DER FARNPFLANZEN

In diesem Kapitel geht es um die verschiedenen Teile des Farns und um seine besondere Art der Vermehrung. Die Morphologie – die Lehre vom äußeren Erscheinungsbild der Pflanzen – ist im Falle der Farne manchmal etwas verwirrend. Die schier unendlichen Variationen von Größe, Form und Blattstruktur können für Gartenliebhaber:innen eine wahre Freude sein. Aber auch wenn die Pflanzen sehr unterschiedlich aussehen können, sind ihnen allen die für Farne typischen Merkmale gemein: die Art und Weise, wie sie sich durch Sporen verbreiten und wie sich im Frühjahr die Blätter langsam entrollen.

TERRESTRISCH

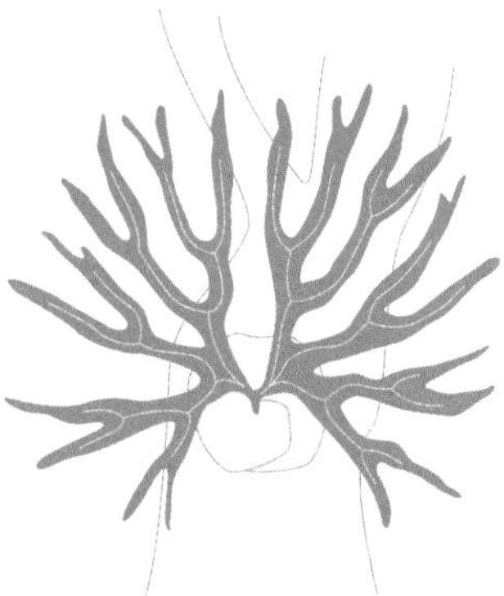

EPIPHYTISCH

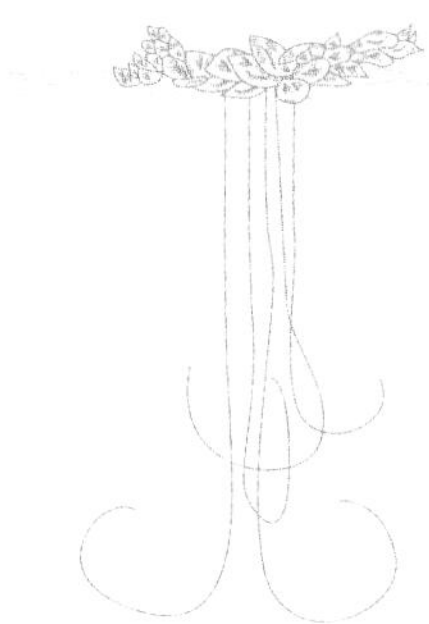

AQUATISCH

HAUPTTYPEN

Es gibt drei Haupttypen von Farnen: die terrestrischen Arten, die in Wäldern und auf Feldern wachsen, Epiphyten, die auf Bäumen wachsen, und aquatische Farne, die in Teichen und Seen vorkommen. Die ganze Pflanze, unabhängig davon, ob sie einen Millimeter misst oder so groß ist wie ein Baum, nennt man Sporophyt oder sporentragende Pflanze. Alle Farne bestehen hauptsächlich aus drei Teilen: Farnblätter, Rhizome und Wurzeln.

FARNBLÄTTER

Am auffälligsten sind natürlich die oberirdischen Pflanzenteile, die Blätter. Ihr Aussehen liefert wichtige Hinweise auf die betreffende Art.

RHIZOME

Als Rhizome bezeichnet man die Ausläufer des Farns, aus denen sowohl die oberirdischen Teile als auch die Wurzeln wachsen. Das Rhizom selbst ist kein Teil der Wurzel, sondern gehört zur Sprossachse. Kenntnisse über das Rhizom sind für diejenigen notwendig, die Farne erfolgreich züchten wollen. An welchen Standort eine Farnart oder -sorte am besten gedeiht, hängt vor allem vom Rhizom ab. Außerdem nutzt man es, um Farne vegetativ zu vermehren, d. h. mit Ausläufern oder Stecklingen.

Das Aussehen des Rhizoms unterscheidet sich von Gattung zu Gattung, aber viele haben eine schöne Farbe. Teils sind sie mit Schuppen oder Flecken von alten Blättern bedeckt, die schöne Muster erzeugen. Das Rhizom kann viel zu den ästhetischen Qualitäten von Farnen als Zimmer- oder Gartenpflanze beitragen.

WURZELN

Die Wurzeln nehmen Wasser und Nährstoffe aus dem Boden auf. Sie sind dunkel, mehrteilig und wachsen vom Rhizom gerade nach unten. Bei manchen Gattungen, z. B. *Thelypteris* und *Adiantum*, wachsen die Wurzeln einheitlich aus dem Rhizom nach unten, bei anderen wachsen sie in einzelnen Büscheln aus dem Rhizom heraus.

BISCHOFSSTAB ODER GEIGENKOPF

Besonders anmutig sehen Farne im Frühling aus, wenn sich die jungen Blätter entrollen. Die zartgrünen, hübsch eingerollten Triebe bilden einen effektvollen Kontrast zu den Blütenpflanzen im Frühlingsbeet. Auch auf Tapeten und Textilien liefern sie ein zartes grafisches Motiv. Die oben noch eingerollten jungen Farnblätter nennt man auf Englisch sehr treffend «crozier» (Bischofsstab) oder «fiddlehead» (Geigenkopf).

Ihr Aussehen variiert stark innerhalb der verschiedenen Gattungen und ist deshalb ein wichtiges Kriterium zur Artenbestimmung. Bei manchen Arten ist der «Bischofsstab» behaart und mit Sporen bedeckt wie bei *Osmunda*, während er bei anderen Gattungen einfach wie ein kleiner grüner Ball aussieht, etwa bei *Matteuccia*. Oft entrollen sich die jungen Farnblätter schon zeitig im Frühling. Wenn Sie die hübschen, jungen Triebe sehen wollen, suchen Sie frühzeitig nach ihnen – sie entwachsen diesem Stadium schnell.

HIMALAJA-VENUSHAARFARN

ADIANTUM VENUSTUM

LICHT	WASSER	BODEN
halbschattig	feucht	humose Erde

Ursprung: Himalaja
Die Gattung *Adiantum* (Frauenhaarfarne) umfasst einige wirklich schöne Arten und besonders *Adiantum Venustum*, je nach Region Himalaja-Venushaarfarn oder Himalaya-Frauenhaarfarn genannt, enttäuscht nicht. enttäuscht nicht. Dieser Farn hat zierliches, smaragdgrünes Laub, das auf dekorativen schwarzen Stielen sitzt. Im Herbst färben sich seine Blätter in schönen Herbstfarben, von gelb bis rosa oder bronzefarben. So bietet die Pflanze die gesamte Saison einen besonderen Anblick. Die wertvolle Zierpflanze kann sowohl als Einzelpflanze als auch in großen Gruppen verwendet werden. Wenn sie gut gedeiht, breitet sie sich gerne aus, sodass es ratsam sein kann, den Standort entsprechend zu wählen: In kühleren Regionen ist die Gefahr der Ausbreitung geringer.

ASPLENIUM SCOLOPENDRIUM
HIRSCHZUNGE

MATTEUCCIA STRUTHIOPTERIS
STRAUSSFARN

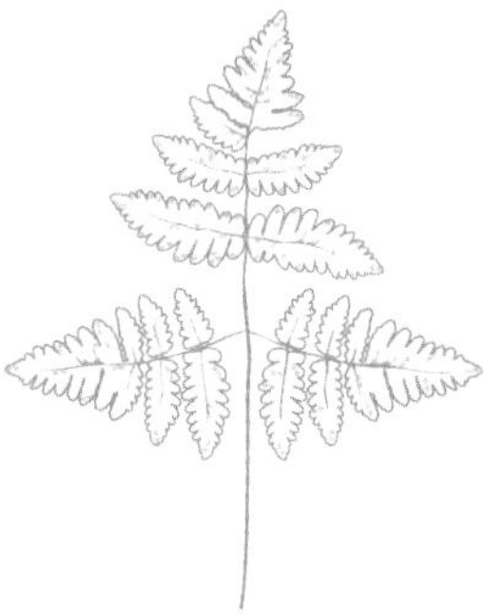

GYMNOCARPIUM DRYOPTERIS
EICHENFARN

ADIANTUM RADDIANUM
RADDIS FRAUENHAARFARN

FARNBLATT ODER WEDEL

Die allgemeine Struktur der Blätter ist charakteristisch für die verschiedenen Arten und vielleicht das beste und einfachste Merkmal, um Farne zu bestimmen. Die Blätter von Farnen – auch Wedel genannt – können sehr unterschiedlich geformt sein. Das Blatt der Hirschzunge beispielsweise ist gänzlich ungeteilt, während das Blatt des Straußfarns deutlich gefiedert ist. Beim Eichenfarn ist die Blattspreite sogar dreifach gefiedert.

Die Abbildung rechts zeigt den Aufbau eines Farns aus Rhizom, Stiel, Schleier (Indusium), Blattspreite, Fieder, Fiederchen, Fiederspindel und Blattstiel.

Als Blatt bezeichnet man den ganzen Teil der Pflanze vom Boden bis zur Spitze. Im Frühling sind die Farnblätter steril, erst später in der Saison wachsen fertile Blätter mit Sporangien (Sporenbehälter) auf der Blattunterseite. Bei manchen Arten sehen fertile und sterile Blätter völlig gleich aus, während sie sich bei anderen unterscheiden, was als dimorph (griech. zweigestaltig) bezeichnet wird. Bei *Athyrium filix-feminina* sehen die fertilen und sterilen Blätter gleich aus, bei *Osmunda claytoniana* sind sie etwas unterschiedlich und bei *Mattheuccia struthiopteris* unterscheiden sie sich völlig. Der Unterschied zwischen den sterilen und fertilen Blättern ist ein weiteres wichtiges Bestimmungsmerkmal.

FIEDER UND FIEDERCHEN

Ist das Blatt gefiedert, spricht man bei den Blättchen von Fiedern (Fieder 1. Ordnung). Die Fiedern können wiederum in Fiederchen (Fieder der 2. Ordnung, Fieder der 3. Ordnung) unterteilt sein.

BLATTSTIEL, BLATTSPINDEL UND FIEDERSPINDEL

Jedes Blatt ist über einen Blattstiel (Petiol) mit dem Spross verbunden. Als Blattspindel bezeichnet man den mittleren Teil des Blattstiels, von dem die einzelnen Fiedern abzweigen. Die Fiedern 2. Ordnung sind über Fiederspindeln mit der Blattspindel verbunden. Blattstiel und Blattspindeln enthalten Leitbahnen, in denen das Wasser mit den Nährstoffen von den Wurzeln über das Rhizom zu den grünen Teilen der Pflanze fließt.

BLATTADERN

Als Blattadern bezeichnet man die Leitbahnen in den Blättern. Sie leiten Wasser und Nährstoffe in die Fiederspindel und weiter in die grünen Blattbereiche des Farns. Manchmal erzeugen die Blattadern schöne Muster auf den Blättern.

SORI, SPORANGIEN, SPOREN, INDUSIUM

Farne bilden keine Samen, sondern Sporen, die vom Wind verbreitet werden. Diese Sporen sind oft mikroskopisch klein und befinden sich auf der Blattunterseite in sogenannten Sporangien. Jede dieser kleinen Kapseln kann Tausende von Sporen beinhalten. Die einzelnen Sporangien gehen oft ineinander über und können feine Muster bilden – diese Ansammlungen von Sporangien werden Sori genannt. Bei vielen Gattungen liegt eine schützende Schicht über den Sori, der Schleier (Indusium).

Die Verteilung der Sporangien auf der Unterseite der Blätter variiert von Farn zu Farn und dient häufig als Bestimmungsmerkmal.

AUFBAU DES FARNBLATTS

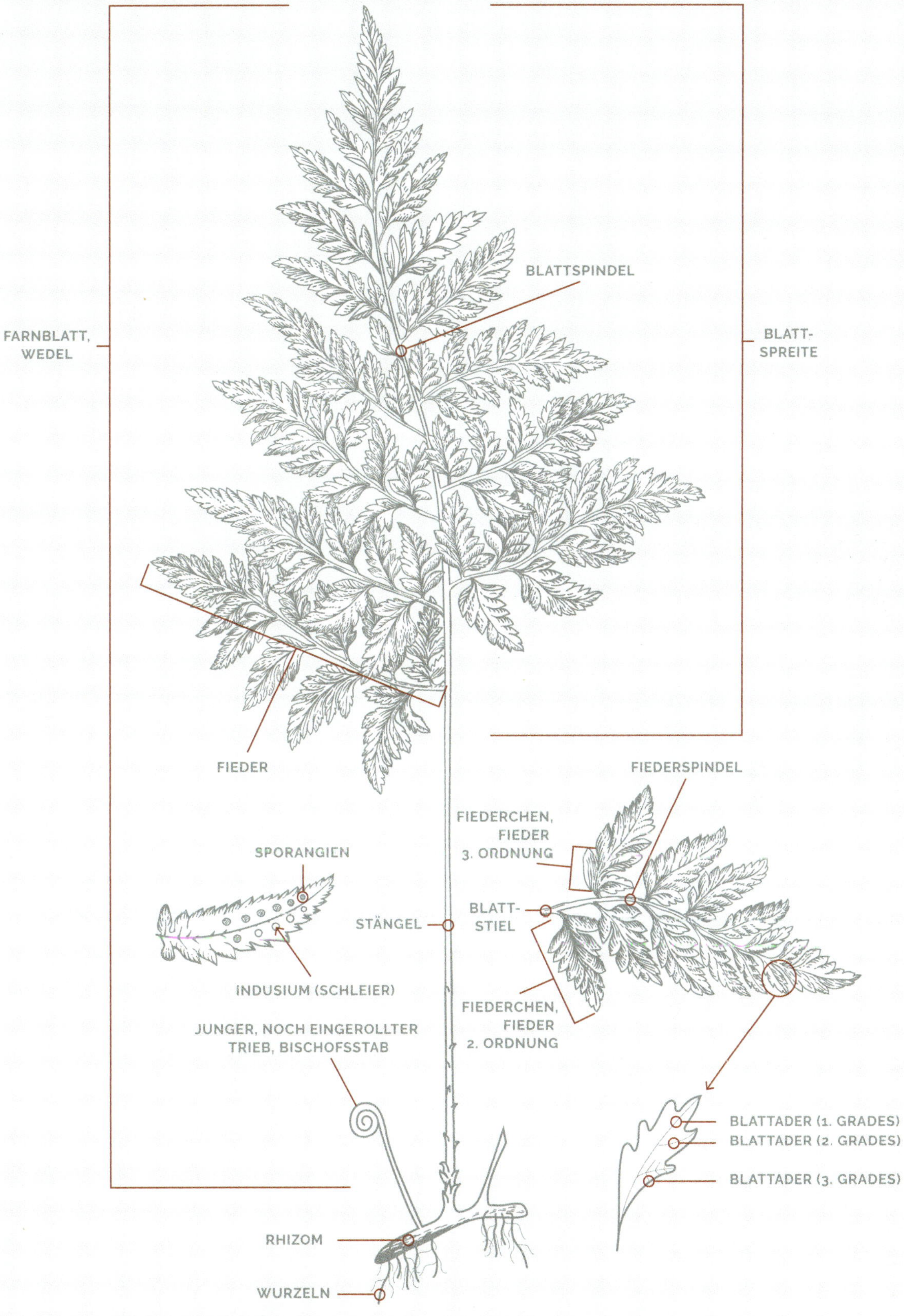

Farne sind mehr als grüne Schattenpflanzen. Sie beeindrucken durch eine Vielfalt an Blattformen – von zierlich zart bis streng linear.

ARTENBESTIMMUNG MIT BESTIMMUNGSSCHLÜSSEL

Will man Farnpflanzen draußen im Feld bestimmen, ist ein Bestimmungsschlüssel nützlich. Die Anwendung ist nicht immer leicht, wird aber mit ein paar Grundkenntnissen über die Systematik der Pflanzen etwas einfacher. Als Bespiel nehmen wir hier die Frauenfarn-Sorte 'Lady in red'. Die Systematik sieht folgendermaßen aus:

Abteilung: Pteridophyta – Gefäßsporenpflanzen (Farnartige Pflanzen)
Klasse: Pteridopsida
Ordnung: Athyriales
Familie: Athyriaceae – Frauenfarngewächse
Gattung: *Athyrium* – Frauenfarne
Art: *Athyrium filix-femina* – Wald-Frauenfarn
Sorte: 'Lady in red'

Für Gartenliebhaber:innen sind die letzten Punkte, von der Familie abwärts, am interessantesten – und bei der Sorte, auch bekannt als Kultivar, wird es dann richtig gärtnerisch. *Athyrium filix-femina* ist die Wildart, aber Züchter haben durch Kreuzung viele verschiedene Sorten und damit neue erwünschte Merkmale geschaffen, z. B. in Bezug auf Form und Farbe. Die Sorten sind eindrückliche Symbole dafür, worum es in einem Garten geht – einen Ort, an dem Natur und Kultur aufeinandertreffen. Daneben gibt es auch noch von Natur aus auftretende Varietäten (Abkürzung «var.»).

ARTENBESTIMMUNG

Bei der Artenbestimmung gibt es einige hilfreiche Variable, an denen man sich orientieren kann. Aber es gibt auch ein paar Fallstricke, die man vermeiden sollte.

FORM DER BLATTSPREITE

Die Blattform – beispielsweise ob ungeteilt oder gefiedert – gibt oft einen ersten Hinweis darauf, um welchen Farn es sich handelt.

GRÖSSE DES BLATTS

Die Größe eines Farnblatts ist bei der Artenbestimmung uninteressant. Je nach den Bedingungen des jeweiligen Standorts kann sie stark variieren. Ein Farn, der normalerweise 60 cm Höhe erreicht, kann an einem kargen Standort nur 20 cm groß werden – und unter optimalen Bedingungen auch deutlich größer.

FARBE VON BLATT UND STIEL

Auch sie ist nicht sehr aussagekräftig, denn sie kann je nach Licht- oder Bodenverhältnissen stark variieren.

BLATTSTIEL, FIEDER UND FIEDERCHEN

Diese Merkmale sind hochgradig relevant. Wie sehen sie aus und wie sind sie angeordnet?

WUCHS

Die Wuchsform eines Farns und der Zeitpunkt seines Wachstums sind wichtige Anhaltspunkte für die Artenbestimmung. Beim Sumpffarn *(Thelypteris palustris)* wachsen beispielsweise sterile Blätter nur im Frühsommer, die fertilen Blätter kommen erst später. Sieht man Anfang Juni einen Farn mit fertilen Blättern – also mit Sporangien an der Blattunterseite –, kann es unmöglich ein Sumpffarn sein. In der Gattung *Osmunda* ist es umgekehrt: hier wachsen die fertilen Blätter zuerst, während die sterilen Blätter später in der Saison erscheinen.

FORM DER JUNGEN TRIEBE

Ein anderer wichtiger Anhaltspunkt bei der Artenbestimmung ist die Form des «Bischofsstabes» – des kleinen eingerollten Triebes, aus dem sich das Blatt im Frühling entwickelt. Einige haben die Form einer dicht gedrängten Spirale, während andere eher hakenförmig sind.

WUCHSFORM DES RHIZOMS

Aussehen und Wuchsform des Rhizoms geben ebenfalls Anhaltspunkte. Wichtige Merkmale sind Behaarung oder Schuppen, Farbe und ihre Ausbreitungsgeschwindigkeit – ob sie sich schnell, langsam oder gar nicht ausbreiten.

SPORANGIEN UND INDUSIUM

Das Aussehen der Sporangien (Sporenbehälter) und des Indusiums (Schleier) und deren Anordnung auf der Unterseite des Blatts ist vielleicht das wichtigste und sicherste Merkmal, auf das man bei der Bestimmung von Farnen achten sollte.

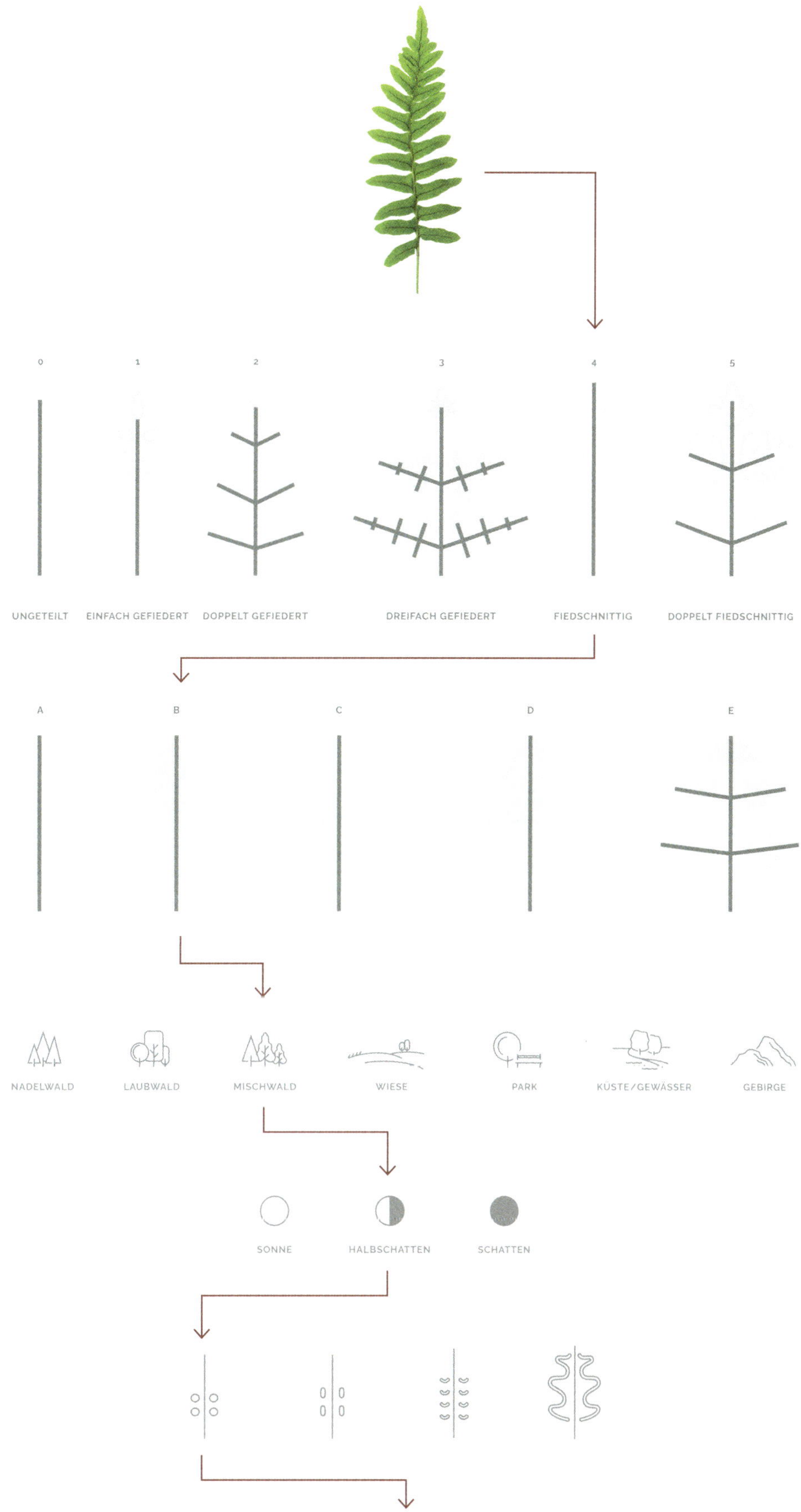

GEWÖHNLICHER TÜPFELFARN

POLYPODIUM VULGARE

LEBENSZYKLUS DER FARNE

Da Farne keine Blüten haben, blieb die Frage nach ihrer Fortpflanzung lange im Dunkeln. Im Mittelalter waren die Menschen fasziniert vom Mysterium ihrer Vermehrung und der Aberglaube an übernatürliche und magische Kräfte des Farns war verbreitet. Erst im 17. Jahrhundert fanden Wissenschaftler heraus, dass das Geheimnis in den Sporen lag. Mitte des 19. Jahrhunderts konnte man dann mit verfeinerten Mikroskopen die Vermehrung der Farne wissenschaftlich genauer untersuchen.

VERBREITUNG

In einem einzigen Jahr kann eine Farnpflanze Millionen von Sporen produzieren. Sie sind mikroskopisch klein und so leicht, dass der Wind sie manchmal Hunderte von Kilometern weit trägt. Den teils extremen Klimaverhältnissen unterwegs trotzen sie und behalten ihre Keimfähigkeit.

LEBENSZYKLUS DER FARNE

1. Während der Wachstumsperiode reifen die Sporen auf der Unterseite des Blattes.
2. Die reifen Sporen werden aus dem Sporangium herausgeschleudert und mit dem Wind weiterverbreitet.
3. Vergrößerung eines Sporangiums
4. Unter geeigneten Verhältnissen beginnt die Spore zu wachsen ...
5. ... und bildet ein Prothallium, den geschlechtsfähigen Teil eines Farns.

6a–b. Auf dem Prothallium befinden sich Archegonien, die die Eizellen bilden, und Antheridien, die die männlichen Geschlechtszellen bilden.

7a–b. Spiralförmige Spermatozoiden befruchten die Eizelle.

8–10. Im Inneren der befruchteten Eizelle wächst ein Embryo heran.

11. Aus dem Embryo entwickelt sich eine neue Farnpflanze (ein sogenannter Sporophyt).
12. Das Farnblatt wächst und auf der Unterseite der Blätter reifen die Sporen, der Kreislauf beginnt von vorne.

VERMEHRUNG

Sporen der Mutterpflanze fallen auf die Erde oder fliegen mit dem Wind einige Meter oder auch Kilometer weit. Bei den richtigen Licht- und Feuchtigkeitsverhältnissen keimen die Sporen und eine Zellteilung setzt ein.

Allmählich bildet sich eine kleine herzförmige (manchmal auch lappige), pflanzenähnliche Scheibe, das Prothallium. Anfangs ist es schwer zu entdecken, weil es so winzig ist. Daher blieb es den Menschen im Mittelalter verborgen. Bis heute wissen nur wenige Menschen, dass Farne sich auf diese Weise vermehren.

Wenn das Prothallium wächst, bilden sich Rhizoide, kleine Wurzeln, die Wasser und Nährstoffe aufnehmen und die Pflanze am Boden festhalten. Auf der Unterseite des Prothalliums bilden sich auch Archegonien und Antheridien aus, in denen die Eizellen bzw. Spermatozoiden entstehen. Sobald diese Geschlechtszellen gereift sind und die wasserhaltige Membran auf dem Prothallium vorhanden ist, schwimmen die Spermatozoiden zu den Eizellen und befruchten diese. Die Zellteilung setzt ein und es bildet sich ein Sporophyt – der Beginn eines neuen Farns. Anfangs erhält der Sporophyt noch seine Nährstoffe aus dem Prothallium, er bildet aber bald eigene Wurzeln. Die allerersten Blätter sehen übrigens nicht nach Farnblättern aus – erst mit der Zeit nehmen sie die charakteristische Blattform der Art an.

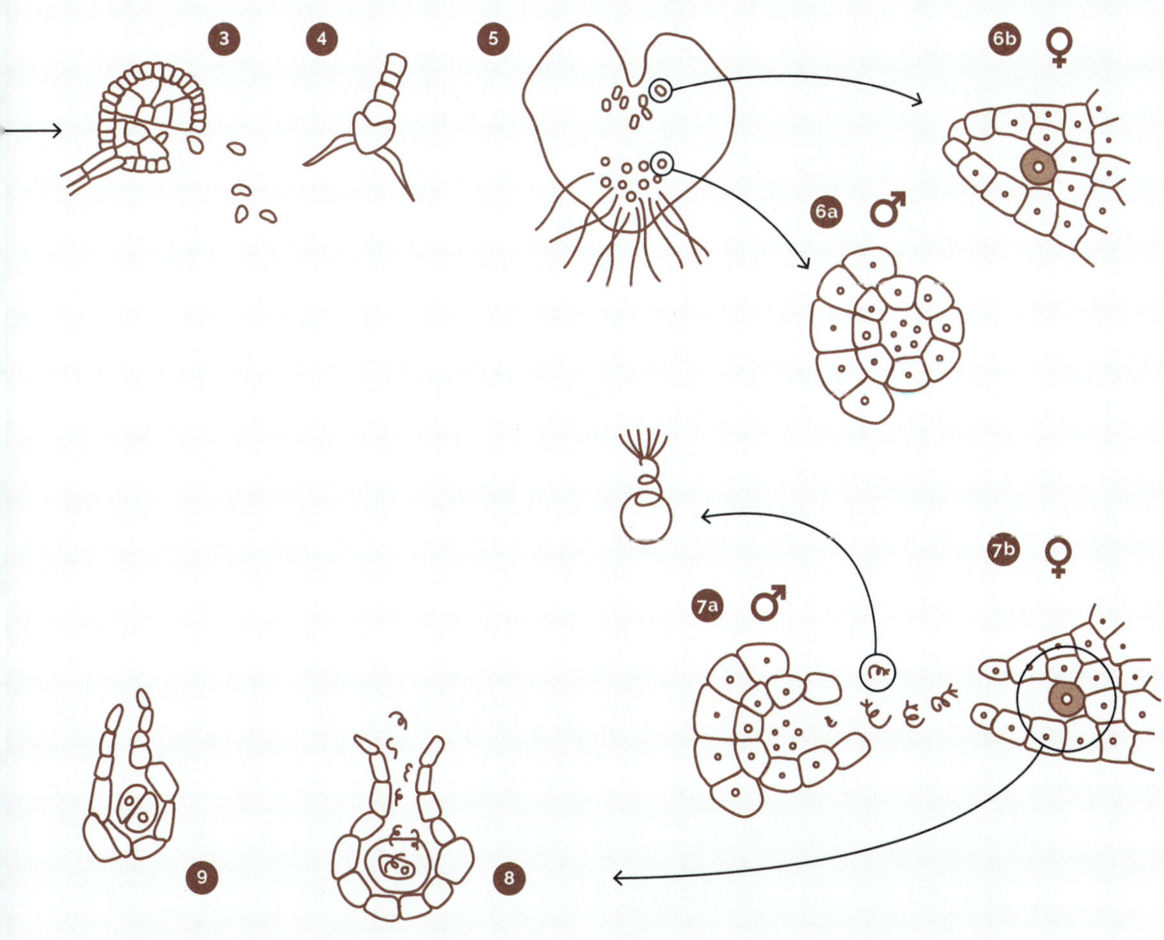

ARTEN

WILD WACHSENDE FARNE IN MITTELEUROPA

In Deutschland, Österreich und der Schweiz finden sich 86 Pflanzenarten der Klasse Polypodiopsida, die sich in 17 unterschiedliche Pflanzenfamilien aufteilt. Zu dieser Klasse gehört übrigens auch die Familie der Schachtelhalmgewächse, auf die in diesem Buch aus Platzgründen jedoch nicht näher eingegangen werden kann. Auch wenn es nach einer großen Anzahl klingen mag: Die Zukunft der Farne hierzulande ist keineswegs gesichert. Aufgrund der Faszination, die von diesen Pflanzen ausgeht, und ihrer damit einhergehenden großen Beliebtheit werden Farne auch heute noch illegal ausgegraben. Gerade seltenen, geschützten Arten mit winzigen Populationen kann dies zum Verhängnis werden. Aber auch klimatische Veränderungen und der Verlust natürlicher Lebensräume führen dazu, dass sogar Arten, die als verbreitet gelten können, seltener werden.

Wenn Sie sich für Farne interessieren, lohnt es sich, die lokal wild wachsenden Arten sowohl zu bestimmen als auch ihre Standortansprüche zu verstehen. Dieses Wissen kann Ihnen dabei helfen, diese wertvollen Pflanzen aktiv zu fördern und zu schützen. Farne stellen dabei besonders «dankbare» Kandidaten zur Beobachtung dar, da man sie potenziell in vielen unterschiedlichen Lebensräumen antreffen kann. Wachsen die meisten von ihnen am liebsten in Wäldern und Schluchten, wo sie viel Schatten und optimale klimatische Bedingungen vorfinden, haben manche auch in urbanen Gebieten Fuß gefasst und wachsen in alten Mauerritzen oder gar im Schotter der Bahngleise.

Da wild vorkommende Farnpopulationen geschützt werden müssen, gilt natürlich: Entnehmen Sie niemals Pflanzen aus ihrem Lebensraum, um sie im eigenen Garten anzusiedeln oder gar als Zimmerpflanze zu bewundern. Kaufen Sie Pflanzen immer im Gartenfachhandel.

Anmerkung des Haupt Verlags: Für weitere Informationen zu den Farnpflanzen Mitteleuropas empfehlen wir Ihnen das untenstehende Buch, aus dem die Angaben auf dieser Seite stammen. Darin finden Sie unter anderem Informationen zur Bestimmung, den jeweiligen Merkmalen, Verwechslungsmöglichkeiten und Standorten, der Verbreitung und dem jeweiligen Schutzstatus.

Muriel Bendel / Françoise Alsaker
Farne, Schachtelhalme und Bärlappe
Der Naturführer zu den Farnpflanzen Mitteleuropas
ISBN 978-3-258-08173-1

Mehr Informationen finden Sie außerdem unter:
https://farnfreunde.ch und
www.farne-mitteleuropas.info

GEWÖHNLICHER TÜPFELFARN

POLYPODIUM VULGARE

LICHT
sonnig bis halbschattig

WASSER
feuchter Boden

BODEN
gut durchlässige Erde

Dieser kleine Farn ist wintergrün, was ihm das ganze Jahr hindurch einen hohen Schmuckwert im Garten verleiht. Er ist einer der wenigen wintergrünen Farne, die wirklich winterhart sind, und kann deshalb problemlos im Freien angepflanzt werden. An seinem Standort wächst er recht anspruchslos, solange der Boden einigermaßen durchlässig und während der Wachstumsphase immer leicht feucht ist. Im Garten kann er sowohl als Steingartenpflanze als auch als Bodendecker in halbschattigen Lagen eingesetzt werden. Auch als Nutzpflanze kann der Tüpfelfarn verwendet werden. Mehr dazu auf Seite 79.

FARNE FÜR DEN GARTEN

In diesem Kapitel stellen wir Farne vor, die sich für den heimischen Garten eignen. Manche dieser Pflanzen haben schon lange den Weg in die hiesigen Gärten gefunden. Andere sind Novitäten, die aus anderen Ländern stammen, aber auch für unsere Klimazonen ausreichend winterfest sind. Von vielen Arten existiert eine große Zahl von Sorten, von denen hier eine beispielhafte Auswahl vorgestellt wird. Welche Farne im lokalen Handel zu finden sind, variiert von Land zu Land stark. Bitte wenden Sie sich an den Gartenfachhandel in Ihrer Nähe, um herauszufinden, welche Arten und Sorten in Ihrer Nähe erhältlich sind. Daneben existieren mittlerweile auf exotische Pflanzen im Allgemeinen und sogar Farne im Besonderen spezialisierte Shops im Internet. Bei den Händlern sollten Sie Sie auch Informationen zum Giftigkeitsgrad der jeweiligen Pflanzen erhalten.

VERWENDETE BEGRIFFE

Winterhärtezone

Bei den Pflanzenporträts in diesem Buch ist jeweils die Winterhärtezone angegeben. Sie besagt, mit welcher Minimaltemperatur die Pflanzen zurechtkommen (siehe Tabelle auf der nächsten Seite). Je kleiner die Zahl ist, desto kältere Temperaturen hält die Pflanze aus. Viele Farnarten überstehen mitteleuropäische Winter problemlos, andere sollten vor Frost geschützt werden. Neben der Temperatur spielen für das Überleben noch viele weitere Aspekte eine Rolle, zum Beispiel Wind- und Grundwasserverhältnisse, Bodenart und Niederschlagsmenge. Fragen Sie daher bitte immer bei der Gärtnerei oder im Gartenfachhandel, wo Sie die Pflanzen beziehen, ob sich diese für den vorgesehenen Standort eignen.

Pflanzabstand

Dieser Wert gibt die Entfernung vom Mittelpunkt einer Pflanze zum Mittelpunkt der nächsten Pflanze beim Einpflanzen an.

ADIANTUM

Den Frauenhaarfarnen *(Adiantum)* kann man wirklich kaum widerstehen! Diese zierlichen, graziösen, aber dennoch robusten Farne schmücken mit ihren schönen Blättern und den glänzend schwarzen Stielen jedes Beet. Ihr Aussehen unterscheidet sie von vielen anderen Farnen, was die Vertreter der Gattung *Adiantum* zu interessanten Gartenpflanzen macht, die weniger traditionell wirken. Die meisten *Adiantum*-Arten werden als Zimmerpflanzen oder in Wintergärten gehalten. Aber es gibt auch mehrere winterfeste Arten. Der Name kommt aus dem Griechischen und bedeutet ungefähr «Wasser abschütteln». Die Blätter stoßen nämlich das Wasser ab und bleiben so bei Regen trocken. Die winterfesten Sorten des *Adiantum* eignen sich gut als Gartenpflanzen sowohl im Steingarten als auch im Waldgarten oder in der Schattenrabatte. *Adiantum* vermehrt sich im Herbst mit Sporen oder durch das Rhizom, das im Frühjahr geteilt werden kann.

***Adiantum aleuticum* – Pfauenradfarn**

Höhe: 50–60 cm
Standort: halbschattig bis schattig, feucht
Winterhärtezone: 6–7
Pflanzabstand: 35 cm

Ähnelt sehr dem Pfauenrad-Frauenhaarfarn *(A. pedatum)*, hat aber etwas kleinere Blätter, einen aufrechten Wuchs und etwas kleinere Rhizome.

Sorten:
'Imbricatum': mit überhängenden Blättern, die eine kräftige Struktur bilden, 20–30 cm.
'Subpumilum': niedrig wachsend, ca. 15 cm.
'Japonicum': junge Triebe mit hübscher rosaroter Farbe; etwas weniger winterfest als die Hauptart.

Zone	Temperatur
1	unter -46 °C
2	-46 bis -40 °C
3	-40 bis -34 °C
4	-34 bis -29 °C
5	-29 bis -23 °C
6	-23 bis -18 °C
7	-18 bis -12 °C
8	-12 bis -7 °C
9	-7 bis -1 °C
10	-1 bis +4 °C
11	über +4 °C
12	+10 bis +15 °C
13	über +15 °C

***Adiantum capillus-veneris* – Echter Frauenhaarfarn, Venushaarfarn**

Höhe: 30–50 cm
Standort: halbschattig bis schattig, feucht
Winterhärtezone: 8 (mit Frostschutz)
Pflanzabstand: 30 cm

Ein unglaublich schöner und dekorativer Farn, der dichte Bestände bildet. Er hat einen zarten, graziösen Wuchs und dekorative, schwarze Stiele. Er eignet sich meist nur als Zimmerpflanze, in milden Regionen kann er aber mit entsprechendem Frostschutz auch im Freien überwintern.

Adiantum* × *mairisii

Höhe: 30–50 cm
Standort: halbschattig bis schattig, feucht
Winterhärtezone: 8
Pflanzabstand: 35 cm

Eine sterile Hybride zwischen *A. capillus-veneris* und einem bislang unbekannten Verwandten, wahrscheinlich *A. raddianum*. Er hat ein sehr helles und zartes Grün, mit dem er sehr gut im Waldgarten wirkt, weil das helle Blattwerk durch die dunklen Stellen schimmert.

***Adiantum pedatum* – Pfauenrad-Frauenhaarfarn**

Höhe: 50–60 cm
Standort: halbschattig bis schattig, feucht
Winterhärtezone: 3
Pflanzabstand: 30 cm

Lanzettliche und paarförmig geteilte Blattspreite, ca. 25–35 cm lange Blätter mit schwarz glänzenden Stielen.

Sorten:
'Miss Sharples': limettengrün, ca. 40 cm.
'Imbricatum': kleine Zwergsorte, die nur 10–20 cm groß wird.

***Adiantum venustum* – Himalaja-Venushaarfarn**

Höhe: 20–40 cm
Standort: halbschattig, feucht
Winterhärtezone: 6–7
Pflanzabstand: 35 cm

Ein winterharter *Adiantum*, der aus den Bergregionen des Himalaja stammt. Er hat die für diese Art typischen schwarzen Stiele und schöne smaragdgrüne Blätter. Im Frühling und Herbst bekommen sie einen Bronzefarbton, was sie während der gesamten Saison sehr wirkungsvoll macht. Breitet sich kräftig aus.

ARACHNIODES

Wintergrüne Farne mit fein gefiedertem und glänzendem Blattwerk. Der Name *Arachniodes* kommt aus dem Griechischen von «arachnion» für Spinnennetz. Der Botaniker Carl Blume benannte die Art so, nachdem eines Tages sein Farnherbarium vollständig mit Spinnennetzen bedeckt war, was ihn zu diesem Namen inspirierte.

Arachniodes aristata
Höhe: 40–80 cm
Standort: halbschattig bis schattig
Winterhärtezone: 8
Pflanzabstand: 40 cm
Dieser Farn ist leicht im Waldgarten oder anderen Pflanzungen mit wanderndem Schatten anzusiedeln. Er mag leicht feuchte Böden, toleriert aber periodenweise auch Trockenheit.

Arachniodes simplicior
Höhe: 30–60 cm
Standort: halbschattig
Winterhärtezone: 8
Pflanzabstand: 30 cm
Dieser Farn bildet als einer der wenigen in temperierten Zonen panaschierte (zweifarbige) Blätter. Sie sind dunkelgrün mit glänzenden Spitzen und tragen einen weißen Streifen auf der Fiederspindel. Damit erregt der Farn Aufsehen und setzt Blickpunkte in Rabatten mit wanderndem Schatten. Er kann nur in Regionen mit mildem Klima im Freien überwintern.

***Arachniodes standishii* – Spinnwebfarn**
Höhe: 60–90 cm
Standort: halbschattig, feucht
Winterhärtezone: 6–7
Pflanzabstand: 50 cm
Lange, zierliche und fedrige Blätter mit glänzend hellgrüner Blattfarbe. Bietet einen schönen Blickfang im Waldgarten.

Die Sorten innerhalb der Pulcherrimum-Gruppe *(Polypodium cambricum)* haben einen unregelmäßigen Wuchs, was ihnen einen leicht zerrupften Ausdruck verleiht. Das kann der Pflanzung einen spannenden Charakter geben (siehe auch Seite 64).

ASPLENIUM

Kleinwüchsige Farne, die sich ausgezeichnet für Waldgärten und schattige Ecken eignen. Auch an etwas schattigeren steinigen Stellen und Mauern kann man sie gut pflanzen. Der Name *Asplenium* ist vom Lateinischen «splen» für Milz abgeleitet. Die Pflanzen wurden früher in der Volksmedizin als Heilmittel bei Leber- und Milzbeschwerden eingesetzt.

***Asplenium fontanum* – Quell-Streifenfarn**

Höhe: 10–20 cm
Standort: halbschattig
Winterhärtezone: 6–7
Pflanzabstand: 35 cm

Hübscher kleiner Farn mit zartem Grün, auch Jura-Streifenfarn genannt. Er ist besonders gut für relativ trockene, leichte Böden geeignet, zum Beispiel in einem Steingarten. Liebt kalkhaltige Böden.

Asplenium platyneuron

Höhe: 20–50 cm
Standort: halbschattig
Winterhärtezone: 3
Pflanzabstand: 30 cm

Wächst an den meisten Standorten, solange der Boden ausreichend feucht ist – an Felsspalten, Mauern, steinigen Stellen und in Waldgärten.

***Asplenium scolopendrium* – Hirschzunge**

Höhe: 20–50 cm
Standort: halbschattig bis schattig
Winterhärtezone: 6–7
Pflanzabstand: 40 cm

Häufig wintergrüner Farn, der auch gelegentlich wild vorkommt, jedoch geschützt ist. Die langen Blätter sind zungenförmig, leicht gewellt, glänzend und je nach Sorte in verschiedenen Grünnuancen, häufig circa 5 cm breit. Die Sori auf der Blattunterseite bilden oft schöne Fischgrätenmuster, was die Blätter sehr dekorativ macht. Während der Zeit des Farnfiebers in Großbritannien war die Hirschzunge enorm beliebt, sodass es unendlich viele Sorten davon gibt. Hier eine Auswahl.

Sorten:
'Cristatatum': Blattspitze kraus und fächerförmig.
'Crispa Bolton's nobile': stark gewellte Rändor, dekorativ.
'Undulatum': gewellte Blätter.
'Laceratum Kaye': erinnert an ein Salatblatt, krause Blattspitzen.
'Marginata'
'Muricatum': tief gewellte Blätter.
'Sagittata': pfeilförmig.

***Asplenium septentrionale* – Nordischer Streifenfarn**

Höhe: 10–25 cm
Standort: sonnig bis schattig, kalkreich
Winterhärtezone: 3
Pflanzabstand: 30 cm

Farn mit einem etwas ungewöhnlichen Aussehen – er passt ausgezeichnet in steinige Partien, Steingärten oder an eine Mauer.

***Asplenium trichomanes* – Braunstieliger Streifenfarn**

Höhe: 10–20 cm
Standort: halbschattig bis schattig, feuchter Boden
Winterhärtezone: 6–7
Pflanzabstand: 30 cm

Kleiner Farn für Felsspalten, Mauern, steinige Partien und ähnliche Standorte. Fühlt er sich wohl, bildet er dichte Rosetten mit einfach gefiederten Blättern. Auffällig sind seine sehr dekorativen, schwarz glänzenden Blatt- und Fierderspindeln.

Sorten:
'Cristatum'
'Incisium': ähnelt sehr der Hauptart, wird aber etwas größer, ca. 25–30 cm.
'Ramosum'

ATHYRIUM

Frauenfarngewächse eignen sich gut für den Garten. Innerhalb der Gattung gibt es ganz unterschiedliche Formen und Farben – von dem grazilen, zarten Grün des Wald-Frauenfarns bis zu den Farbtönen von *A. niponicum*. Ihr Name *Athyrium* stammt vom griechischen «athyros», was «ohne Tür» bedeutet. Er verweist auf die Sporangien an der Blattunterseite, die keine Schleier haben, was zur Bestimmung der Art hilfreich sein kann.

***Athyrium filix-femina* – Wald-Frauenfarn**

Höhe: 80–100 cm

Standort: sonnig bis schattig, leichte Bodenfeuchte

Winterhärtezone: 3

Pflanzabstand: 50 cm

Großer, hochwüchsiger Farn mit großen gefiederten, aber zierlichen Blättern. Pflegeleicht und für die meisten Standorte geeignet, winterfest.

Sorten:

'Bornholmiense': stammt von der Insel Bornholm in Dänemark. Kräftiger, aufrechter Wuchs.
'Clarissima': zarter Wuchs mit gefiederten Blättern in gelbgrünen Tönen, dekorativ.
'Fieldii': schmale bogig nach unten weisende Blätter mit kleinen Fiedern.
'Frizelliae': kleine runde und gekräuselte Blätter, bogenförmiger Wuchs. Höhe: 60 cm.
'Lady in red': frischgrüne Blätter mit dekorativen weinroten Stielen. Etwa 70 cm hoch.
'Minutissimum': zwergwüchsige Sorte, die nur circa 20 cm groß wird.
'Victoriae': Harpunen-Frauenfarn – die Kronjuwelen aus der Epoche des Farnfiebers. Die gefiederten Blattspitzen und die Fiederchen stehen kreuz und quer und bilden den Buchstaben X – was eine schmuckvolle Struktur und Spannung in den Rabatten erzeugt.
'Rotstiel': 60 cm hoch mit roten Stielen.
'Vernoniae': rotbraune Stiele und leicht gefiederte Blattspitzen.

***Athyrium niponicum* – Regenbogenfarn**

Höhe: 15–30 cm

Standort: sonnig bis schattig, feucht

Winterhärtezone: 6–7

Pflanzabstand: 35 cm

Ein dekorativer mehrfarbiger Farn, der einen deutlichen Akzent in Farnpflanzungen setzt. Sehr hübsch zusammen mit anderen Blattschmuckpflanzen.

Sorten:

'Applecourt': grüne und weiße Blätter mit gekräuselten Blattspitzen. Niedrig wachsend.
'Burgundy Lace': dunkelweinrot mit silbrigem Einschlag.
'Ghost': buschartiger Wuchs mit aufrecht wachsenden grünen, behaarten Blättern in stahlgrauen Nuancen, was ihm ein etwas spukhaftes Aussehen verleiht.
'Pictum': wird manchmal auch 'Metallicum' genannt. Metallisch glänzende, silbrige Töne in den Blattspitzen und Fiederspindeln; die Stiele haben einen glänzend violetten Farbton.
'Ursulas red': Blattspitzen in silbrigen Tonen mit dunkelvioletten Fiederspindeln; der Stiel geht ins Schwarze.
'Oceans Fury': silbrige Blätter mit gefiederten Blattspitzen.

***Athyrium otophorum* var. *okanum* – Öhriger Frauenfarn**

Höhe: 20–50 cm

Standort: halbschattig bis schattig, feucht

Winterhärtezone: 3

Pflanzabstand: 30 cm

Ein Farn mit sehr schönem Blattwerk und dekorativer violetter Fiederspindel.

Athyrium vidalii

Höhe: 30–45 cm

Standort: halbschattig bis schattig, feucht

Winterhärtezone: 8

Pflanzabstand: 30 cm

Er ist *A. nipponicum* recht ähnlich, hat aber eine offenere Wuchsform und wird oft größer. Neu austreibende Blätter haben eine rötliche Farbe.

BLECHNUM

Interessante Farne, insbesondere für Waldgärten und schattige Standorte. Charakteristisch für die Rippenfarngewächse sind ihre unterschiedlichen fertilen und sterilen Blätter, wobei die sterilen Blätter wintergrün und ledrig sind. *Blechnum* ist ein alter griechischer Pflanzenname, der «Segel» bedeutet. Auf welche Pflanze er sich ursprünglich bezog, ist nicht geklärt.

***Blechnum niponicum* – Japanischer Rippenfarn**

Höhe: 30–50 cm

Standort: halbschattig, feucht

Winterhärtezone: 6–7

Pflanzabstand: 40 cm

Wintergrüner Farn, bei dem der junge Trieb in dekorativem Rosa erscheint. Für Waldgärten und andere leicht feuchte Standorte geeignet, die wechselhaft schattig sind.

***Blechnum spicant* – Gewöhnlicher Rippenfarn**

Höhe: 25–50 cm

Standort: halbschattig bis schattig, feuchte, saure Erde

Winterhärtezone: 6–7

Pflanzabstand: 40 cm

Ein pflegeleichter und dankbarer Farn für den Waldgarten und andere schattigere Pflanzungen. Die Art hat sowohl fertile als auch sterile Blätter. Die fertilen Blätter wachsen aufrecht und sehen kammähnlich aus, während die sterilen Blätter wintergrün sind und am Boden eine Rosette bilden.

Sorten:

'Cristatum': krause, gefiederte Blattspitzen.

'Redwoods Giant': hochwachsend, besonders geeignet für den Waldgarten.

'Richard's Serrate': Blattspreiten fiederschnittig, was den Blättern ein glattes Aussehen verleiht.

Blechnum nova-zelandiae

Höhe: 50–150 cm

Standort: halbschattig bis schattig, feucht

Winterhärtezone: 6–7

Pflanzabstand: 45 cm

Dekorativer Farn mit palmenartigen Blättern, der aus den Wäldern Neuseelands stammt. Als Waldgartenpflanze geeignet, ist aber nicht völlig winterhart und kann deshalb nur in milden Regionen draußen überwintern.

***Blechnum penna-marina* – Seefeder-Rippenfarn**

Höhe: 10–25 cm

Standort: sonnig bis schattig, feucht, saure Erde

Winterhärtezone: 6–7

Pflanzabstand: 30 cm

Ein sehr effektiver Bodendecker, der sich sowohl in der Sonne als auch im Schatten wohlfühlt, solange der Boden feucht genug ist. Mag keine kalkreichen Böden.

Sorten:

'Alpinum': rötliche Blätter.

'Cristatum': unregelmäßig wachsend mit krausen Blättern.

'Firecracker'

'Minor'

CHEILANTHES

Diese Farngattung hat sich sonnigen, kargen und trockenen Standorten angepasst und bildet deshalb einen absoluten Gegenpol zu den meisten Farnen, die sich im Waldgarten wohlfühlen. Während langer Trockenperioden können die Pflanzen sogar eintrocknen, um dann zu neuem Leben zu erwachen, wenn der Regen kommt. Im Englischen bezeichnet man sie deshalb häufig als «resurrection ferns» (Auferstehungsfarne). *Cheilanthes* stammt vom griechischen «chelios» (Lippe) und «anthos» (Blüte), was sich auf das Aussehen der Blattspitzen bezieht.

Cheilanthes fendleri
Höhe: 30 cm
Standort: sonnig, trocken
Winterhärtezone: 8
Pflanzabstand: 30 cm
Geeignet für steinige Partien und trockene, karge, vollsonnige Lagen. Benötigt gut durchlässige Erde und Frostschutz im Winter, um die kalte Winternässe im Boden zu bewältigen. Nicht ganz leicht anzusiedeln.

Cheilanthes lindheimeri
Höhe: 20–30 cm
Standort: sonnig, trocken
Winterhärtezone: 8
Pflanzabstand: 30 cm
Ein Farn mit besonders hohem Blattschmuckwert für trockene, karge Lagen. Seine kleinen aufrechtstehenden Blätter sind mit silbrigen Haaren bedeckt. Benötigt gut durchlässige Erde mit reichlich Kies. Frostschutz im Winter ist absolut erforderlich. Er ist eher schwer anzusiedeln.

CYRTOMIUM

Diese dekorativen Farne bilden mit ihrem exotischen Aussehen, dem herrlichen Grün und den schönen Blattformen attraktive Blickpunkte im Garten. Darüber hinaus sind sie sehr tolerant gegenüber Schatten, sodass sie sich auch für die dunkelsten Stellen im Garten eignen. Der Name *Cyrtomium* kommt vom griechischen «kyrtoma» (gewölbt). Bei einigen Arten bilden die Blattadern dekorative Muster.

***Cyrtomium falcatum* – Bogen-Sichelfarn**

Höhe: 40–60 cm

Standort: halbschattig bis schattig, feucht

Winterhärtezone: 8

Pflanzabstand: 40 cm

Ein Farn mit grob gefiederten Blättern, die an eine Mahonie erinnern. Nicht sehr winterfest und deshalb mehr für warme, geschützte Lagen geeignet. Benötigt Frostschutz im Winter, alternativ pflanzt man ihn in einen Kübel, den man frostfrei überwintert.

Sorten:
'Butterfieldii': glänzende Blätter, typische Zimmerpflanze.

***Cyrtomium fortunei* – Fortunes Sichelfarn**

Höhe: 25–50 cm

Standort: halbschattig bis schattig, feucht

Winterhärtezone: 6–7

Pflanzabstand: 40 cm

Diese pflegeleichte Art wirkt mit ihren breiten Fiederblättern auf den ersten Blick nicht wie ein Farn. Passt ausgezeichnet in schattige Waldgärten oder an ähnliche Stellen mit hoher Feuchtigkeit und Schatten. Leicht anzusiedeln.

Sorte:
'Clivicola'

***Cyrtonium macrophyllum* – Großblättriger Sichelfarn**

Höhe: 30–60 cm

Standort: halbschattig bis schattig, feucht

Winterhärtezone: 8

Pflanzabstand: 40 cm

Mit seiner hellen grünen Blattfarbe passt dieser Farn gut in ein Beet mit viel Schatten, wo er einen schönen Kontrast zu den übrigen Schattenpflanzen schafft, die oft dunkles Blattgrün haben.

CYSTOPTERIS

Die herrlichen Blasenfarne wachsen in freier Natur weltweit in kalten Bergregionen, was sie insbesondere in kälteren Gebieten, wo die Auswahlmöglichkeiten etwas begrenzter sind, zu dankbaren Gartengewächsen macht. Die Blasenfarne gehören darüber hinaus zu den Farnen, die schon sehr zeitig im Frühling ihre Blätter entrollen. Die feinen, filigranen Wedel sind wahre Wunderwerke im Frühlingsbeet. Ihr Name *Cystopteris* kommt vom griechischen «kystis» (Blase), was sich auf die Schleier bezieht, die die Sporangien blasenförmig umgeben.

***Cystopteris bulbifera* –**
Brutknospen-Blasenfarn
Höhe: 25–50 cm
Standort: halbschattig, feucht
Winterhärtezone: 3
Pflanzabstand: 40 cm
Wächst grazil mit frisch-grünem Blattwerk. Entlang des Stiels bildet er dekorative, deutlich sichtbare grüne Brutknospen, was sehr charakteristisch für die Art ist.

***Cystopteris fragilis* –**
Zerbrechlicher Blasenfarn
Höhe: 20–40 cm
Standort: halbschattig, feucht
Winterhärtezone: 3
Pflanzabstand: 40 cm
Einer der häufigsten Farne weltweit mit einem natürlichen Verbreitungsgebiet von Sibirien bis in die Tropen. Er entwickelt sich im zeitigen Frühjahr und sorgt dann für frischgrüne Farbkleckse. Am Ende der Saison kann er jedoch ziemlich verwelkt und trist aussehen, was man bei der Planung berücksichtigen sollte. Der Zerbrechliche Blasenfarn kommt an den meisten Standorten zurecht, bevorzugt aber einen feuchten Boden im Halbschatten.

DENNSTAEDTIA

Die meisten Arten dieser Gattung sind in den Tropen beheimatet, aber es gibt auch eine Reihe von Arten, die aus gemäßigteren Gebieten stammen. Kennzeichnend für diese Arten ist ihre Anpassungsfähigkeit an unterschiedliche Standorte und ihre effektive, starke Verbreitung. Die Gattung wurde nach dem deutschen Botaniker August Dennstaedt (1776–1826) benannt.

Dennstaedtia punctilobula
Höhe: 40–80 cm
Standort: sonnig bis schattig
Winterhärtezone: 3
Pflanzabstand: 50 cm
Anpassungsfähiger Farn, der an den meisten Standorten gepflanzt werden kann. Für kleinere Gärten ist er weniger geeignet, da er sich sehr stark ausbreitet und leicht mit anderen Pflanzen in Konkurrenz tritt. Lässt man ihm genügend Platz, kann er sich frei entfalten und kommt am besten zur Geltung.

DEPARIA

Deparia ist eine sehr junge Gattung. Die meisten Arten wurden bis in die 1990er-Jahre zu anderen Gattungen gerechnet, besonders zur Gattung *Athyrium*. Der Gattungsname kommt vom griechischen «depas» (Tasse), was sich auf das Aussehen des Indusiums (Schleier) bei manchen Arten bezieht.

Deparia acrostichoides
Höhe: 75–100 cm
Standort: halbschattig bis schattig, feucht
Winterhärtezone: 3
Pflanzabstand: 50 cm
Äußerst winterfester Farn mit hoher Toleranz gegenüber Kälte. Geeignet für den Waldgarten oder andere Schattenpflanzungen, in denen die hellen grünen Blätter der Pflanze einen guten Kontrast zu Pflanzen mit dunkleren Blättern bilden.

Deparia japonica
Höhe: 30–60 cm
Standort: halbschattig bis schattig, feucht
Winterhärtezone: 8
Pflanzabstand: 40 cm
Dekorativer, kleinwüchsiger Farn mit dunkelgrünen Blättern, die schwarze Nuancen aufweisen. Benötigt gleichmäßige Feuchtigkeit.

DICKSONIA

Die Gattung *Dicksonia* umfasst 22 Baumfarnarten, von denen die meisten aus Neuseeland stammen. Mit ihrem pompösen Aussehen sind sie ein echter Hingucker im Garten. Zwar gibt es einige winterfeste Arten, aber wahrscheinlich kann man in unseren Breitengraden nur eine Art im Freien pflanzen, nämlich *Dicksonia antarctica*.

***Dicksonia antarctica* – Antarktischer Baumfarn**
Höhe: 4,5–6 m
Standort: halbschattig bis schattig, feucht
Winterhärtezone: 8 mit Winterschutz
Dicksonia antartica ist der winterhärteste Baumfarn überhaupt. Mit der Klimaerwärmung könnte es möglich werden, ihn an sehr milden Standorten auch ganzjährig im Freien zu halten, vorausgesetzt er bekommt einen ausreichenden Winterschutz. Man kann ihn auch gut im Kübel pflanzen und diesen frostfrei überwintern oder die Pflanze für die Wintermonate aus ihrem Pflanzort ausgraben und geschützt überwintern. Mehr über *D. antarctica* auf Seite 186.

DRYOPTERIS

Die großwüchsigen, robusten Wurmfarne eignen sich in vielerlei Pflanzungen als Struktur gebendes Element. Die meisten Arten sind sehr winterhart. Außerdem vertragen sie sowohl sonnige als auch schattige Standorte, solange der Boden ausreichend feucht ist. Der Gattungsname kommt vom griechischen «drys» (Eiche) und «pteris» (Farn), was frei übersetzt «Farn, der an Eichen wächst» bedeutet.

***Dryopteris affinis* – Schuppiger Wurmfarn**

Höhe: 50–120 cm

Standort: sonnig bis schattig, feucht

Winterhärtezone: 3

Pflanzabstand: 50 cm

Doppelt gefiederte Blätter, im Frühjahr hellgrün, später werden sie immer dunkler. Der Blattstiel und die Blattspindel sind goldbraun und mit langen Schuppen besetzt. Daher der Name «Schuppiger Wurmfarn».

Sorten:
'Cristata'
'Cristata the King': krause, an den Blattspitzen geteilte Blätter, sehr dekorativ.
'Cristata angustata'
'Crispa gracilis': krause Blätter, ca. 60 cm.
'Revolvens': eingerollte Blattspitzen.
'Stablerii'
'Pinderi'

Dryopteris × australis

Höhe: 120–150 cm

Standort: halbschattig bis schattig, feucht

Winterhärtezone: 3

Pflanzabstand: 50 cm

Ein Farn, der trotz seiner südlichen Herkunft eine hohe Winterhärte auch in kälteren Klimaregionen zeigt. Er wächst aufrecht und eignet sich damit gut zur Schaffung von vertikalen Strukturen im Schattenbeet zusammen mit Bodendeckern.

Dryopteris bissetiana

Höhe: 60 cm

Standort: halbschattig bis schattig

Winterhärtezone: 8

Pflanzabstand: 40 cm

Sehr schöner Farn, der einen Platz am vorderen Rand des Beetes einnehmen kann. Alternativ setzt man ihn im Kübel in Szene. Die Blätter sind gelbgrün, die neuen Triebe erscheinen in dekorativen Silber- und Rottönen.

Dryopteris campyloptera

Höhe: 60 cm

Standort: halbschattig bis schattig

Winterhärtezone: 3

Pflanzabstand: 40 cm

Feine hellgrüne Blätter mit weißen Flecken und Stielen in dunklerem Grün. Für den Waldgarten geeignet. Sehr tolerant gegenüber kalten Wintern.

***Dryopteris carthusiana* – Dorniger Wurmfarn**

Höhe: 40–80 cm

Standort: halbschattig bis schattig, feucht

Winterhärtezone: 3

Pflanzabstand: 40 cm

Die dreieckigen Blätter zaubern ein wunderschönes, zartes Grün in den Garten. Dieser Farn ist absolut winterfest und pflegeleicht. Pflanzt man ihn an einem schattigen Standort in feuchte Erde, gedeiht er leicht. Er ist perfekt für alle, die so wenig Pflegeaufwand wie möglich wollen und einen wilden Charakter im Garten lieben.

Dryopteris championii

Höhe: 60–90 cm

Standort: halbschattig

Winterhärtezone: 6–7

Pflanzabstand: 40 cm

Ein wintergrüner Farn mit weit auseinanderliegenden Fiedern, die den Blick auf den langen Blattstiel freigeben. Mit seiner glänzend grünen Farbe bringt er sogar einen grauen Tag im Spätherbst zum Leuchten. Besonderen Schmuckwert zeigt dieser Farn im Frühling: Wenn sich die jungen Triebe entrollen, sind sie mit silbrigen Haaren bedeckt.

Dryopteris clintoniana
Höhe: 70–100 cm
Standort: sonnig bis schattig, feucht
Winterhärtezone: 6–7
Pflanzabstand: 40 cm
Herrlicher Farn, der sehr anpassungsfähig ist: Solange der Boden ausreichend feucht ist, verträgt er sowohl kaltes als auch warmes Klima und Sonne ebenso wie Schatten. Die aufrecht stehenden Blätter sind allerdings etwas windempfindlich, deshalb wählt man am besten einen windgeschützten Standort.

Dryopteris* × *complexa
Höhe: 50–120 cm
Standort: halbschattig
Winterhärtezone: 3
Pflanzabstand: 50 cm
Die Hybride zwischen *D. affinis* und *D. filix-mas* ist gut winterfest. Sie eignet sich für Waldgärten, verträgt aber auch sonnigere Standorte. Ein robuster, kräftig wachsender Farn, der eine gute Struktur im Beet schafft. Die jungen Triebe im Frühling sind rostfarben, mit Schuppen bedeckt und sehr dekorativ.

Sorten:
'Robust': bis 2 m hoch, verträgt Trockenheit.
'Stableri': kleinblättrig und deutlich aufrecht wachsend.
'Stableri Crisped': schmale, krause Blätter.

Dryopteris crassirhizoma
Höhe: 50–90 cm
Standort: halbschattig
Winterhärtezone: 3
Pflanzabstand: 40 cm
Im zeitigen Frühjahr rollt er seine rostfarbenen jungen Blätter aus, die später glänzend grün werden. Mag am liebsten Halbschatten und lehm- oder humusreichen Boden.

Dryopteris crispifolia
Höhe: 40–80 cm
Standort: halbschattig
Winterhärtezone: 8
Pflanzabstand: 40 cm
Wintergrüner Farn mit zarten, gefiederten Blättern. Er verträgt Temperaturen bis zu -12 °C und kann daher in manchen Regionen auch draußen überwintern. Etwas Winterschutz sollte er aber bekommen.

***Dryopteris cristata* – Kamm-Wurmfarn**
Höhe: 60 cm
Standort: halbschattig bis schattig, feucht
Winterhärtezone: 3
Pflanzabstand: 30 cm
Wintergrüner Farn, der im deutschsprachigen Raum auch wild wächst. Er ist jedoch sehr selten und daher geschützt. Für Waldgärten ausgesprochen gut geeignet, denn er mag Feuchtigkeit, Trockenheit toleriert er kaum. Setzen Sie ihn vorzugsweise in feuchten bis nassen Boden, beispielsweise an den Rand eines Gartenteichs.

Dryopteris cycadina
Höhe: 80 cm
Standort: halbschattig bis schattig
Winterhärtezone: 6–7
Pflanzabstand: 40 cm
Wintergrüner Farn mit dunkelgrünen, ledrigen, glänzenden Blättern. Geeignete Pflanze für Waldgärten oder andere Schattenbeete. Auch als Bodendecker unter Gehölzen und Bäumen.

Sorte:
'Atrata'

Dryopteris dilatata **– Breiter Wurmfarn**

Höhe: 50–100 cm

Standort: halbschattig bis schattig, feucht

Winterhärtezone: 3

Pflanzabstand: 50 cm

Hochwachsender Farm für den Waldgarten oder für Schattenpflanzungen. Der Breite Wurmfarn kann auch an trockenen, sonnigen Standorten stehen, hat dort jedoch eine eher gelbgrüne Farbe statt der typischen dunkelgrünen. Seine Toleranz gegenüber verschiedenen Standorten macht ihn zu einer sehr dankbaren Gartenpflanze.

Sorten:

'Crispa Whiteside': vom Standort her anspruchslos, krause Blätter mit weißlicher Blattoberseite.
'Cristata': kammartige Blattspitzen.
'Jimmy Dyce': wächst stark aufrecht, blaue Farbnuancen im Blatt.
'Lepidota cristata': fein geteilte, gefiederte Blätter, charakteristische rotbraune Schuppen auf Stiel und Blattspindel.
'Recurvata'
'Recurved Form': eingerollte Fieder.

Dryopteris dickinsii

Höhe: 60 cm

Standort: sonnig bis schattig

Winterhärtezone: 6–7

Pflanzabstand: 50 cm

Schöne gelbgrüne Blätter mit dekorativen schwarzen Schuppen auf der Blattspindel. Als Gartenpflanze relativ ungewöhnlich.

Sorte:

'Incisa'

Dryopteris erythrosora **– Rotschleierfarn**

Höhe: 40–50 cm

Standort: halbschattig, feucht

Winterhärtezone: 6–7

Pflanzabstand: 30 cm

Sehr dekorativer und dankbarer Farn. Die Blätter sind zuerst bronzefarben, dann zartgrün mit roten Sprenkeln und zum Ende der Saison dunkelgrün. Da dieser Farn ständig neue Wedel treibt, findet man immer rot gesprenkelte Blätter.

Sorten:

'Brilliance': junge Blätter über längere Zeit in schönem Orangerot.
'Prolifica': mit ca. 60 cm etwas höher als die Wildform.
'Radiance': niedrigwachsende Sorte, die frühen Blätter sind blutrot gefärbt.

Dryopteris filix-mas **– Echter Wurmfarn**

Höhe: 100–150 cm

Standort: sonnig bis schattig, anspruchslos

Winterhärtezone: 3

Pflanzabstand: 50 cm

Der Echte Wurmfarm ist in freier Natur sehr häufig anzutreffen. Er ist äußerst winterfest und ein ausdauernder Farn für den Garten. Weil er auch trockene und nährstoffarme Standorte verträgt, bietet er für entsprechende Stellen im Garten eine gute Alternative – aber er macht sich überall als Hintergrundpflanze gut. Stark giftig.

Sorten:

'Barnesii': schmale Blätter und kräftiger, aufrechter Wuchs.
'Cristata': brauner Stiel, geteilte, krause Blattspitzen.
'Linearis Polydactyla': hübsches, zartes Blattwerk, wächst in Form einer Vase. Für feuchte Standorte.
'Grandiceps': krause Blattspitzen.
'Parsley': an Petersilie erinnernde Blätter.

Dryopteris formosana

Höhe: 45–60 cm

Standort: halbschattig

Winterhärtezone: 8

Pflanzabstand: 40 cm

Wintergrüner Farn mit glänzend grünen, teils ins Goldgrüne changierenden Blättern, die sich erst recht spät in der Saison entwickeln. Charakteristisch für diese Art ist, dass die untersten Fiedern des Blatts gerade nach unten zeigen. Sehr resistent gegenüber Trockenheit.

Dryopteris goldiana **– Riesen-Wurmfarn**

Höhe: 60–120 cm

Standort: halbschattig bis schattig

Winterhärtezone: 6–7

Pflanzabstand: 50 cm

Dieser Farn ist *D. filix-mas* sehr ähnlich, hat aber viel größere und stärker gefiederte Blätter in blassgrünem Farbton.

Dryopteris hondoensis
Dieser Farn ist als Gartenpflanze noch verhältnismäßig unbekannt. Er ist jedoch winterfest, und verträgt bis -10 °C.

Dryopteris intermedia
Höhe: 45–90 cm
Standort: halbschattig bis schattig
Winterhärtezone: 3
Pflanzabstand: 40 cm
Wintergrün mit hellen grünen Blättern und leicht blauen Nuancen. Die Blattunterseiten sind behaart. Ein wunderschöner, pflegeleichter Farn, der sich für halbschattige bis schattige Waldgärten eignet.

***Dryopteris labordei* 'Golden Mist'**
Höhe: 30–60 cm
Standort: halbschattig
Winterhärtezone: 6–7
Pflanzabstand: 30 cm
Niedrig wachsender Farn für alle Standorte im Garten, auch wenn er halbschattige Standorte bevorzugt. Die jungen Blätter sind goldgelb und bekommen später eine glänzend dunkelgrüne Farbe.

Dryopteris lacera
Auch diesen Farn kennen nicht viele. Er verträgt ähnliche Witterungsverhältnisse wie sein enger Verwandter *D. hondoensis*, kommt also auch mit moderaten Minustemperaturen zurecht.

***Dryopteris lepidopoda* – Himalaja-Wurmfarn**
Höhe: 50 cm
Standort: halbschattig bis schattig
Winterhärtezone: 6–7
Pflanzabstand: 40 cm
Eine Augenweide für die schattigen Stellen im Garten. Der Farn verträgt auch etwas Sonne, allerdings keine pralle Mittags- oder Nachmittagssonne. Die Blätter wechseln während der Saison von grün, gelb, rot zu rostbraun. Wintergrün.

Dryopteris ludoviciana
Höhe: 60–120 cm
Standort: halbschattig bis schattig, feucht
Winterhärtezone: 8
Pflanzabstand: 60 cm
Stark glänzende dunkelgrüne Blätter. Benötigt dauerhaft feuchten Boden und ist daher eine geeignete Pflanze in Teichnähe oder für andere feuchte Stellen im Garten.

***Dryopteris marginalis* – Randständiger Wurmfarn**

Höhe: 45–80 cm

Standort: halbschattig bis schattig

Winterhärtezone: 3

Pflanzabstand: 40 cm

Wintergrüner Farn mit glänzenden und ledrigen Blättern. Charakteristisch sind die am Blattrand sitzenden Sporangien, daher der Artzusatz *marginalis*. Liebt trockene und gut durchlässige Böden im Halbschatten bis Schatten.

Dryopteris namaegatae

Auch wenn dieser Farn als Gartenpflanze nahezu unbekannt ist, findet man ihn im Botanischen Garten in Göteborg. Er sollte deshalb in Mitteleuropa winterfest sein.

***Dryopteris oreades* – Geröll-Wurmfarn**

Höhe: 30–50 cm

Standort: halbschattig bis schattig

Winterhärtezone: 6–7

Pflanzabstand: 40 cm

Dieser Farn eignet sich ausgezeichnet für steinige Partien in etwas schattigeren Lagen. Er ähnelt *D. filix-mas*, hat aber gewelltere Fiedern.

Sorten:
'Crispa'
'Incisa Crispa'

Dryopteris polylepis

Höhe: 60 cm

Standort: halbschattig

Winterhärtezone: 8

Pflanzabstand: 40 cm

Die Art besitzt schöne hellgrüne Blätter mit dekorativen schwarzen Schuppen auf dem Stiel.

Dryopteris pseudofilix-mas

Höhe: 90–120 cm

Standort: sonnig bis schattig

Winterhärtezone: 6–7

Pflanzabstand: 60 cm

Dieser Farn kommt ursprünglich aus Mexiko, ist aber außergewöhnlich anpassungsfähig. Er verträgt sowohl warmes als auch kaltes Klima. Seine kräftigen, ledrigen und aufrecht wachsenden Blätter verleihen jedem Beet Struktur.

Dryopteris pycnopteroides

Höhe: 45–70 cm

Standort: halbschattig bis schattig

Winterhärtezone: 8

Pflanzabstand: 40 cm

Glänzend hellgrüne Blätter, Fiederblätter mit gewölbtem Rand. Die jungen Blätter erscheinen in dekorativem Limettengrün. Im Hinblick auf die Bodenverhältnisse ist er anspruchslos und kommt sowohl mit trockenen als auch feuchten Standorten zurecht.

***Dryopteris remota* –**
Entfernfiedriger Wurmfarn

Höhe: 60–90 cm
Standort: sonnig bis schattig
Winterhärtezone: 3
Pflanzabstand: 40 cm

Pflegeleichter Farn, den man in allen Gartenbereichen einsetzen kann. Eine fertile Hybride zwischen *D. affinis* und *D. expansa* – seine dekorativen, mit Schuppen bedeckten jungen Triebe stammen von *D. affinis* und die schöne Blattstruktur von *D. expansa*.

***Dryopteris sieboldii* –**
Siebolds Wurmfarn

Höhe: 30 cm
Standort: halbschattig bis schattig
Winterhärtezone: 6–7
Pflanzabstand: 30 cm

Sehr dekorativer Farn für die Schattenbeete im Garten, der mit seinen großen, hellen Blättern für einen ungewöhnlichen Anblick sorgt. Die Blätter erscheinen recht spät in der Saison, was bei der Planung der Beete zu berücksichtigen ist. Kommt sowohl mit feuchten als auch trockenen Standorten zurecht.

Dryopteris sublacera

Höhe: 30 cm
Standort: halbschattig bis schattig
Winterhärtezone: 6–7
Pflanzabstand: 30 cm

Wintergrüner Farn für den Waldgarten oder andere schattige Gartenbereiche. Seine Blattoberseiten sind apfelgrün, während die Unterseiten einen silbrigen Grünton haben. Er ist anspruchslos in Bezug auf den Boden sowie für trockene und feuchte Standorte geeignet.

Dryopteris tokyoensis

Höhe: 50 cm
Standort: halbschattig bis schattig, feucht
Winterhärtezone: 6–7
Pflanzabstand: 40 cm

Benötigt sauren Boden und wächst am besten an feuchten Standorten. Sehr dekorativ in einer Pflanzung in Teichnähe oder an anderen nassen Stellen im Garten. Er erinnert mit seinen feinen aufrechten Blättern an ein Ziergras.

***Dryopteris uniformis* –**
Einförmiger Wurmfarn

Höhe: 30–50 cm
Standort: halbschattig bis schattig, feucht
Winterhärtezone: 6–7
Pflanzabstand: 40 cm

Ein pflegeleichter Farn für feuchte und schattige Gartenbereiche. Seine Blätter sind gelbgrün und entrollen sich zeitig im Frühling.

***Dryopteris wallichiana* –**
Nepalesischer Schwarzschuppenfarn

Höhe: 80–100 cm
Standort: halbschattig bis schattig
Winterhärtezone: 6–7
Pflanzabstand: 50 cm

Die dunkelgrünen, lanzettlichen, ledrigen Blätter behalten meist auch im Winter ihre Farbe.

GYMNOCARPIUM

Die Eichenfarne bleiben niedrig und bilden lockere Bestände. In der Natur findet man sie meist in Waldgebieten mit feuchtem Boden. Der Gattungsname *Gymnocarpium* kommt vom griechischen «gymno» (nackt) und «karpos» (Frucht) und bezieht sich auf die schleierlosen Sori.

Gymnocarpium disjunctum
Höhe: 20–30 cm
Standort: schattig, feucht
Winterhärtezone: 3
Pflanzabstand: 25 cm
Bildet mit seinen ausgebreiteten Wedeln an aufrechten Stielen dichte Bestände, sofern er im Schatten und in feuchter Erde steht. Er ähnelt *G. dryopteris*, ist aber größer.

***Gymnocarpium dryopteris* – Eichenfarn**
Höhe: 15–25 cm
Standort: schattig, feucht
Winterhärtezone: 3
Pflanzabstand: 20 cm
Pflegeleichter und extrem winterfester Farn für den Waldgarten und andere Schattenplätze. Wo er sich wohlfühlt, bildet er dichte Bestände. Bevorzugt feuchte Erde mit etwas niedrigerem pH-Wert.

Sorte:
'Plumosum': gefiederte Blätter.

MATTEUCCIA

Die Straußfarne sind robust und stattlich und damit ideal für den Waldgarten, als Hintergrund am Rand des Gartens oder in einem Beet mit waldigem, wildem Charakter. Der Gattungsname *Matteuccia* erinnert an den italienischen Physiker Carlo Matteucci.

***Matteuccia orientalis* – Japanischer Straußfarn**
Höhe: 80–100 cm
Standort: halbschattig
Winterhärtezone: 3
Pflanzabstand: 50 cm
Mit seinem exotischen Aussehen eignet sich dieser Farn für dekorative Pflanzungen im Halbschatten, beispielsweise am Waldrand. Er hat dunkelgrüne, große und breite Blätter und wächst hängend, fast liegend.

***Matteuccia struthiopteris* – Straußfarn**
Höhe: 100–150 cm
Standort: sonnig bis schattig
Winterhärtezone: 3
Pflanzabstand: 50 cm
Der Straußfarn ist eine ausgezeichnete Pflanze für den Waldgarten und auch als Bodendecker geeignet, denn er breitet sich schnell aus. Mit anderen Pflanzen zusammen kann dies zum Problem werden, denn er wird leicht dominant. Der Straußfarn hat zartgrüne Blätter und wächst in Form einer Vase. Die fertilen Blätter stehen innen in der Rosette. Sie sind zuerst grün und verfärben sich zum Ende der Saison ins Bräunliche, was die Pflanze auch im Winterhalbjahr dekorativ macht.

ONOCLEA

Die kleine Gattung umfasst je nach Klassifizierung drei Arten oder nur eine Art mit mehreren Unterarten. Fossilienfunde haben gezeigt, dass Perlfarne bereits vor ca. 50 Millionen Jahren existierten. Sie stammen ursprünglich aus Nordamerika und Ostasien. Der Gattungsname leitet sich aus den griechischen Wörtern «onos» (Fahrzeug) und «kleo» (einschließen) ab und bezieht sich auf die Fiederchen, deren gewölbte Spitzen die Sporangien fast einschließen.

***Onoclea sensibilis* – Perlfarn**
Höhe: 30–50 cm
Standort: halbschattig, feucht
Winterhärtezone: 3
Pflanzabstand: 40 cm
Hübscher Farn mit ungewöhnlichen Blättern. Er mag am liebsten Halbschatten, kann aber auch mehr Sonne vertragen, wenn der Boden sehr feucht ist. Weil er auch auf nassen Böden zurechtkommt, kann man ihn an Teiche oder ähnliche Stellen im Garten setzen. Er ist winterfest, friert aber beim ersten Nachtfrost ab. In Deutschland gilt er als unbeständiger Neophyt.

ONYCHIUM

Die Gattung umfasst etwa zehn Arten und stammt ursprünglich aus Afrika und dem südöstlichen Asien. Der Gattungsname kommt vom griechischen «onychion» (Klaue, Kralle) und bezieht sich auf das Aussehen der Pflanzen.

***Onychium japonicum* – Japanischer Klauenfarn**
Höhe: 50 cm
Standort: halbschattig, feucht
Winterhärtezone: 8 (Winterschutz kann erforderlich sein)
Pflanzabstand: 40 cm
Mit seinen zierlichen, gefiederten Blättern bildet er im Beet einen dekorativen Blickfang, besonders als Kontrast zu robusteren Gewächsen. Dieser Farn ist nicht sehr winterfest, selbst in milderen Regionen empfiehlt sich ein Winterschutz. Er braucht im Winter unbedingt einen durchlässigen Boden. Auch als Kübelpflanze geeignet, die man dann im Haus frostfrei überwintert.

OSMUNDA

Die Farne der Gattung *Osmunda* bevorzugen ausgesprochen feuchte Böden und passen somit ausgezeichnet in Pflanzungen an Teichen oder auf sumpfigem, nassem Boden im Garten. Ihr Name *Osmunda* stammt aus dem Isländischen und bedeutet «Gottesgeschenk». Besonders der Königsfarn galt in vielen Ländern lange als magische Pflanze.

***Osmunda claytoniana* – Kronenfarn, Teufelsfarn**
Höhe: 100–150 cm
Standort: sonnig bis halbschattig, feucht
Winterhärtezone: 3
Pflanzabstand: 60 cm
Schöner Farn für die Teichbepflanzung oder für etwas nassere Böden im Waldgarten.

***Osmunda regalis* – Königsfarn**
Höhe: 150–200 cm
Standort: halbschattig, feucht
Winterhärtezone: 3
Pflanzabstand: 60 cm
Der Königsfarn ist ein ausgeprägter Liebhaber feuchtnasser Böden, genauso wie viele andere Arten der Gattung *Osmunda*. Man pflanzt ihn am besten in nasse Erde oder sehr nah am Gartenteich. Die Pflanze bildet dichte, große Rosetten mit hellgrünen Blättern und schmückt sich gegen Ende der Saison mit goldener Herbstfarbe.

Sorten:
'Purpurascens': rötliche Blätter, die im Herbst eine goldene Farbe annehmen.
'Cristata': mit petersilienartigen Blättern.
'Crispa'
'Gracilis': etwas kleinere Sorte mit zartem, grazilem Ausdruck.

OSMUNDASTRUM

Osmundastrum ist eine kleine Gattung, zu der nur zwei Arten gehören: *O. cinnamomeum* und *O. asiaticum*. Diese Arten zählten bislang zur Gattung *Osmunda*, bilden nun aber eine eigene Gattung. Ein deutliches Erkennungsmerkmal ist der mit feinen Haaren bedeckte Stiel, was sie von den Arten der Gattung *Osmunda* unterscheidet. Ansonsten kann man sie sehr leicht verwechseln.

***Osmundastrum cinnamomeum* – Zimt-Königsfarn**
Höhe: 100–150 cm
Standort: halbschattig bis schattig, feucht
Winterhärtezone: 3
Pflanzabstand: 50 cm
Die jungen Triebe und die reifen sporentragenden Blätter haben der Art ihren Namen verliehen: Beide sind zimtbraun und heben sich dekorativ vom ansonsten grünen Laub ab.

PELLAEA

Eine Farngattung, die sich an sonnige, steinige, eher trockene und magere Standorte angepasst hat. Der Name *Pellaea* bezieht sich auf das Griechische «pellos» für dunkel und verweist auf das matte Dunkelgrün der Blätter.

Pellaea atropurpurea
Höhe: 20–30 cm
Standort: sonnig bis halbschattig
Winterhärtezone: 6–7
Pflanzabstand: 30 cm
Keine der *Pellaea*-Arten ist besonders pflegeleicht, aber *P. atropurpurea* ist die einfachste und auch die einzige, die winterfest ist. Sie kann in Felsspalten und Mauern gepflanzt werden. Wichtig ist, dass tiefer in der Erde ausreichend Feuchtigkeit vorhanden ist, ferner braucht sie einen gut durchlässigen, kalkhaltigen Boden mit hohem Kiesanteil.

PHEGOPTERIS

Die Gattung umfasst nur die folgenden drei Arten, die früher zur Gattung *Thelypteris* gehörten. Alle Arten dieser ziemlich jungen Gattung stammen aus Gebieten mit gemäßigtem Klima, wo sie auf feuchten und schattigen Waldböden wachsen. Der Gattungsname stammt vom griechischen Wort «phegos» (Buche) und weist darauf hin, dass sie häufig unter Buchen wachsen.

***Phegopteris connectilis* – Buchenfarn**
Höhe: 20–30 cm
Standort: halbschattig bis schattig
Winterhärtezone: 3
Pflanzabstand: 30 cm
Ein relativ weit verbreiteter wild wachsender Farn. Im Waldgarten ist er ein ausgezeichneter Bodendecker, ebenso im Stumpfgarten oder an anderen feuchten Schattenplätzen. Während der Saison entwickelt er fortlaufend neue Blätter, sodass der Farnteppich immer lebendig wirkt.

Phegopteris decursive-pinnata
Höhe: 30–40 cm
Standort: halbschattig bis schattig
Winterhärtezone: 3
Pflanzabstand: 30 cm
Ein aus dem Himalaja und den Bergen Japans und Koreas stammender Buchenfarn. Man verwendet ihn im Garten ähnlich wie *P. connectilis*.

Phegopteris hexagonoptera
Höhe: 30–40 cm
Standort: halbschattig bis schattig
Winterhärtezone: 6–7
Pflanzabstand: 30 cm
Dieser Farn hat eine auffällige dreieckige Blattform und eine glänzend hellgrüne Farbe. Der sehr aggressive Bodendecker dominiert gern seine Nachbarpflanzen. Pflanzen Sie ihn besser dort, wo er sich ungestört ausbreiten kann. Auf magerem Boden kann man seinen Wachstumstrieb eher unter Kontrolle halten.

VERWIRRENDE SYSTEMATIK

Angesichts der unglaublichen Vielzahl an Arten, Unterarten und Sorten ist es nicht immer leicht herauszufinden, welcher Farn in welche taxonomische Einheit gehört. Da sich immer wieder neue Erkenntnisse ergeben, ändert sich die taxonomische Zuordnung auch gelegentlich. Oft setzen sich die neuen Namen bei Züchtern aber lange Zeit nicht durch. Ein gutes Beispiel ist die Gattung *Polypodium*. *Polypodium cambricum* ist eigentlich eine Unterart von *Polypodium australe*, heißt aber dennoch häufig *P. cambricum*, weil es so viele Sorten von diesem Farn gibt. Als wäre das nicht genug, wurden viele dieser Sorten früher dem Gewöhnlichen Tüpfelfarn, *Polypodium vulgare*, zugerechnet – und werden es gelegentlich noch immer.

POLYPODIUM

Die Gattung der Tüpfelfarne ist wintergrün und bildet ein kriechendes Rhizom, aus dem die Blätter senkrecht aufsteigen. In der freien Natur wächst der Tüpfelfarn vor allem auf umgefallenen Bäumen und auf Steinen. Im Garten ist er deshalb ideal, um Mauern, steinige Partien und ähnliche Standorte zu verschönern. Der Name *Polypodium* stammt aus dem Griechischen und bedeutet «vielfüßig», was sich auf das schnell wachsende verzweigte Rhizom bezieht.

***Polypodium cambricum* –**
Gallischer Tüpfelfarn

Höhe: 15–30 cm

Standort: sonnig bis halbschattig, feucht

Winterhärtezone: 8

Pflanzabstand: 25 cm

Wintergrüner Farn, die alten Blätter sterben zum Sommer hin ab, die neuen erscheinen erst im Spätsommer oder Herbst. In vielen schönen Sorten erhältlich, von denen die meisten in der Zeit des großen Farnfiebers gezüchtet wurden.

Sorten:
Cristatum-Gruppe: geteilte und gefiederte Blattspitzen.
Pulcherrimum-Gruppe: ungleichmäßige, gefiederte Blätter, leicht zerrupftes Aussehen.

Polypodium glycyrrhiza

Höhe: 30 cm

Standort: sonnig bis halbschattig, feucht

Winterhärtezone: 8

Pflanzabstand: 25 cm

Wächst in der Natur normalerweise als Epiphyt auf Ahornbäumen in Nordamerika. Seine wintergrünen Blätter entwickelt er spät in der Saison, während der Sommermonate ist er unbelaubt. Im Garten gedeiht er als Bodendecker im Halbschatten auf leicht feuchten und feuchten Böden, alternativ pflanzt man einzelne Exemplare an sumpfige Stellen.

***Polypodium interjectum* –**
Gesägter Tüpfelfarn

Höhe: 30 cm

Standort: sonnig bis halbschattig, feucht

Winterhärtezone: 8

Pflanzabstand: 25 cm

Ähnelt stark dem Gewöhnlichen Tüpfelfarn *(P. vulgare)*, viele stufen ihn als Hybride oder Unterart des Gewöhnlichen Tüpfelfarns ein. Er ist aber weitaus weniger winterhart.

***Polypodium* × *mantoniae* 'Cornubiense'**

Höhe: 30 cm

Standort: sonnig bis halbschattig, feucht

Winterhärtezone: 8

Pflanzabstand: 25 cm

P. × *mantoniae* ist eine Hybride aus *P. vulgare* und *P. interjectum*. 'Cornubiense' ist eine alte Sorte aus der Viktorianischen Zeit des Farnfiebers. Die Form der Blätter kann etwas variieren; sie ist eine Mischung aus beiden Elternarten.

***Polypodium vulgare* –**
Gewöhnlicher Tüpfelfarn

Höhe: 15–30 cm

Standort: sonnig bis halbschattig

Winterhärtezone: 3

Pflanzabstand: 25 cm

Ein winterharter und wintergrüner kleiner Farn, der sehr vielseitig im Garten eingesetzt werden kann: an Mauern und steinigen Partien, aber auch als sehr effektiver Bodendecker im Waldgarten oder anderen Pflanzungen im Halbschatten. Er braucht feuchte, aber gut durchlässige Erde und überstehen auch kürzere Trockenzeiten.

Sorten:
'Bifido Multifidum': Blätter mit gegabelter Blattspitze
'Cristatum'
'Crispum'
'Elegantissimum'

POLYSTICHUM

Häufige wintergrüne Farne mit einem dicken, braunen Stiel. Charakteristisch für die Arten dieser Gattung ist das schildförmige Indusium (Schleier), das die Sporangien bedeckt. Viele Arten sind in Mitteleuropa zwar winterhart, reagieren aber empfindlich auf kalte, feuchte Erde und brauchen daher einen Winterschutz. Der Name *Polystichum* kommt vom Griechischen «poly» (viele) und «stichos» (Reihe). Er verweist auf die vielen Reihen von Sporangien auf den Blattunterseiten.

***Polystichum acrostichoides* – Amerikanischer Weihnachtsfarn**
Höhe: 30–50 cm
Standort: halbschattig bis schattig
Winterhärtezone: 3
Pflanzabstand: 50 cm
Wintergrüner und sehr winterfester Farn, der auch keine Ansprüche an seinen Standort stellt. Er wächst an den meisten Plätzen im Garten, auch wenn er eine etwas schattigere Umgebung bevorzugt. Er lässt sich leicht durch Sporen vermehren. Ein Muss für den Garten in kälteren Regionen.

Sorten:
'Crispum'
'Cristatum'
'Incisum'
'Multifidum'

***Polystichum aculeatum* – Gelappter Schildfarn**
Höhe: 40–60 cm
Standort: halbschattig bis schattig, feucht
Winterhärtezone: 3
Pflanzabstand: 50 cm
Wintergrüner Farn, der in Rosetten wächst. Er passt bestens in den Waldgarten oder in andere Pflanzungen an schattigen bis halbschattigen Standorten und mit gut durchlässigen, aber feuchten Böden.

***Polystichum braunii* – Brauns Schildfarn**
Höhe: 40 cm
Standort: halbschattig bis schattig, feucht
Winterhärtezone: 6–7
Pflanzabstand: 60 cm
Ähnelt sowohl im Aussehen als auch vom Standort her dem Gelappten Schildfarn, ist aber weniger winterhart.

***Polystichum makinoi* – Glänzender Schildfarn**
Höhe: 70 cm
Standort: halbschattig, feucht
Winterhärtezone: 6–7
Pflanzabstand: 40 cm
Mit seinen glänzend olivgrünen Blättern und seinem Wuchs in Rosettenform ist dieser Farn ein Juwel für den Waldgarten oder andere schattige Partien im Garten. Wenn sich seine jungen Triebe im Frühling entrollen, sind sie mit großen schwarzen Schuppen bedeckt.

***Polystichum munitum* – Westamerikanischer Schwertfarn**
Höhe: 70–120 cm
Standort: halbschattig
Winterhärtezone: 8
Pflanzabstand: 40 cm
Anspruchsloser und pflegeleichter Farn für viele Stellen im Garten, nur nicht in direkter Sonne. Die hellgrüne Farbe und der deutlich hellbraun abgesetzte Stiel machen ihn äußerst attraktiv. Bedingt winterhart.

Sorten:
'Crested'
'Crisped Form'

***Polystichum polyblepharum* – Japanischer Schildfarn**
Höhe: 50–60 cm
Standort: halbschattig bis schattig, feucht
Winterhärtezone: 6–7
Pflanzabstand: 60 cm
Schöner Farn für den Waldgarten oder andere schattige Bereiche. Wenn sich die jungen Triebe im Frühling entrollen, sind sie mit goldbraunen Haaren bedeckt. Später werden die Blätter dunkelgrün und glänzend.

Polystichum retrosopaleaceum
Höhe: 50–60 cm
Standort: halbschattig bis schattig, feucht
Winterhärtezone: 6–7
Pflanzabstand: 40 cm
Ein pflegeleichter Farn, der sich gut im Waldgarten, im Stumpfgarten oder ähnlichen Pflanzungen macht. Die Wedel entwickeln sich sehr zeitig im Frühling, daher eignet sich die Art gut für Frühjahrspflanzungen. Ähnelt *P. munitum* (siehe Seite 65).

***Polystichum setiferum* – Borstiger Schildfarn**
Höhe: 40–60 cm
Standort: halbschattig bis schattig, feucht
Winterhärtezone: 6–7
Pflanzabstand: 50 cm
Ein attraktiver Gartenfarn für den Waldgarten und andere schattige Plätze. Der Borstige Schildfarn hat einen kräftigen, goldbraunen Stiel, was ihm ein besonders dekoratives Aussehen verleiht. An einem günstigen Standort bleibt er wintergrün.

Sorten:
'Acutilobum'
'Bevis': sehr schön mit zartem Laub.
'Capitatum'
Cristatum-Gruppe: geteilte und gekräuselte Fieder- und Blattspitzen, wächst trichterförmig.
'Ramosum'
'Dahlem': Blätter in mattgrünem Farbton.
Divisilobum-Gruppe: sehr markanter Stiel und kleine, schmale Fieder.
'Herrenhausen': fein gefiederte Blätter in schwarzgrünen Nuancen.
'Lineare': schmale Fieder, die feine strukturierte Linien bilden – leicht skelettartig.
'Nantes'
'Plumosum Densum': wächst kompakt, fein gefiederte Blätter.
'Plumosum gracillimum'
'Proliferum': pflegeleichte Sorte mit sehr schön gefiederten Blättern.
'Pulcherrimum Moly's Green'
'Rotundatum'
'Wakeleyanum'

***Polystichum tsus-simense* – Grannen-Schildfarn**
Höhe: 20–30 cm
Standort: halbschattig bis schattig, feucht
Winterhärtezone: 8
Pflanzabstand: 35 cm
Dunkelgrüne, lanzettliche Blätter mit fiederschnittigen Blatträndern. Er ist nicht sehr winterhart, ein Winterschutz kann notwendig sein. Kann auch gut als Topfpflanze gehalten werden.

Polystichum xiphophyllum
Höhe: 30–45 cm
Standort: schattig
Winterhärtezone: 8
Pflanzabstand: 35 cm
Ein ziemlich ungewöhnlicher, aber sehr dekorativer Farn aus Asien. Mit seinen glänzenden Blättern, die in verschiedenen Farben auftreten können, eignet er sich gut zur Unterpflanzung unter andere Schattenpflanzen. Nicht ganz winterhart, aber man kann ihn in Kübel pflanzen und im Haus überwintern.

THELYPTERIS

Diese Farne eignen sich vorzugsweise für nasse und sumpfige Böden. Sie bilden zarte hellgrüne Blätter und bleiben häufig recht klein. Der Name *Thelypteris* kommt vom Griechischen «thelys» (weiblich) und «pteris» (Farn), also «weiblicher Farn» – was sich auf den zierlichen, niedrigen Wuchs bezieht.

***Thelypteris palustris* – Sumpffarn**
Höhe: 20–60 cm
Standort: sonnig bis halbschattig, feucht
Winterhärtezone: 3
Pflanzabstand: 35 cm
Häufig kleinwüchsiger Farn mit zarten, grünen und etwas verdrehten Blättern. Wie sein Name andeutet, liebt er Nässe und gedeiht im Garten am besten, wenn man ihn direkt in einen Teich pflanzt (maximal 10 cm tief). Er gedeiht auch auf feuchten Böden an sonnigen bis halbschattigen Orten, verträgt aber keine Trockenheit.

Thelypteris simulata
Höhe: 20–60 cm
Standort: sonnig bis halbschattig, feucht
Winterhärtezone: 3
Pflanzabstand: 35 cm
Kommt aus Nordamerika und kann wie *T. palustris* im Garten eingesetzt werden.

WOODSIA

Die relativ kleinen Farne stammen aus der gemäßigten Zone, man findet sie aber auch weltweit in gebirgigem Gelände. Meist wachsen sie in kleinen Gruppen an steinigen Standorten. Die Indusien (Schleier) an den Blattunterseiten sind sternförmig, was charakteristisch für die Gattung und sehr dekorativ ist. Ihr Gattungsname *Woodsia* verweist auf den britischen Botaniker und Architekten Joseph Woods (1776–1864), der ein eifriger Farnsammler war.

***Woodsia obtusa* – Stumpfblättriger Wimpernfarn**
Höhe: 35 cm
Standort: halbschattig bis schattig
Winterhärtezone: 3
Pflanzabstand: 30 cm
Wintergrüner Farn mit fein gefiederten, hellgrünen Blättern. Er eignet sich ausgezeichnet für steinige Standorte, kleinere Rabatte oder den Waldgarten. Der Boden darf etwas feucht sein, sollte aber gut durchlässig (sandig) sein.

***Woodsia polystichoides* – Fernöstlicher Wimpernfarn**
Höhe: 15–30 cm
Standort: halbschattig
Winterhärtezone: 6–7
Pflanzabstand: 30 cm
Ein sehr dekorativer Farn für den Steingarten oder für steinige Standorte. Er hat eine hübsche hellgrüne Farbe, aufrechte Fiedern und einen grauweißen Stiel.

WOODWARDIA

Innerhalb der Gattung *Woodwardia* gibt es viele dekorative Farne, die sich für den Garten eignen, aber nur wenige sind winterhart. Daher bietet es sich an, die etwas exotischeren Arten im Kübel zu pflanzen und im Haus zu überwintern – oder man verwendet sie gleich als Topfpflanze. Die Gattung trägt den Namen des britischen Botanikers Thomas Woodward (1745–1820).

Woodwardia areolata
Höhe: 30–50 cm
Standort: halbschattig bis schattig, feucht
Winterhärtezone: 3
Pflanzabstand: 40 cm
Ein Farn für feuchte Böden mit niedrigem pH-Wert. Gefällt ihm der Standort, breitet er sich gern aus – geben Sie ihm also reichlich Platz. Hellgrüne Blätter, auf den Fiedern bilden die Blattadern ein attraktives netzartiges Muster.

Woodwardia virginica
Höhe: 30–60 cm
Standort: sonnig bis halbschattig, feucht
Winterhärtezone: 3
Pflanzabstand: 40 cm
Bevorzugt feuchte Böden mit niedrigem pH-Wert. Am geeigneten Standort breitet er sich stark aus. Für nasse Problemböden, auf denen nicht viel anderes wächst, ist dieser Farn die perfekte Wahl.

Asplenium scolopendrium 'Cristatum'

Athyrium filix-femina 'Frizelliae'

Drypotheris affinis 'Crispa Gracilis'

Polypodium cambricum (Pulcherrimum-Gruppe)

Athyrium niponicum 'Pictum'

Athyrium niponicum 'Apple Court'

Polypodium vulgare 'Bifido Multifidum'

Polystichum setiferum (Cristatum-Gruppe)

FARNE IN DER

WELT DES MENSCHEN

Der Farn blüht in der Mittsommernacht.
Punkt zwölf in der Nacht schlägt er aus.
Die Blüte ist hübsch und leuchtet wie ein Stern.
Wer die Blüte pflückt,
dessen Wünsche gehen alle in Erfüllung.
Er kann auch unsichtbar werden.
Aber man muss absolut still sein,
wenn man die Blüte pflückt.
Man darf weder reden noch lachen.

In einer schönen Mittsommernacht kam ein Junge daher,
um die Blüte des Farns zu pflücken.
Punkt zwölf sah er eine Menge Schlangen.
Das fand der Junge eklig,
aber er blieb dennoch bei dem Farn stehen.
Plötzlich kamen Stiere mit riesigen Hörnern angerannt,
eine Menge anderer wilder Tiere folgte ihnen.
Da bekam der Junge es wirklich mit der Angst zu tun.
Aber er blieb dort,
obwohl er am ganzen Körper zitterte.
Er war fest entschlossen, die Blüte zu pflücken.

Die Blüte öffnete sich.
Aber gerade als der Junge sie pflücken wollte,
kam ein kleines Huhn.
Es zog eine große Fuhre Heu.
Der Junge war froh, dass das Unheimliche weg war.
Er lachte,
denn es sah so lächerlich aus mit dem Heu.
Das hätte er nicht tun sollen.
Im selben Augenblick verschwand die Blüte
und der Farn stand da wie zuvor.
Einem anderen Jungen passierte etwas Merkwürdiges.
In der Mittsommernacht ging er über eine Wiese.
Ohne dass er es merkte, fiel ihm eine Farnblüte
in einen seiner Schuhe.
Als er später zu seinen Kameraden kam
und mit ihnen sprach, konnten sie ihn nicht sehen.
Er war unsichtbar geworden.
Erst als er sich auszog, um ins Bett zu gehen,
wurde er wieder sichtbar.

Wer die Blüte des Farns pflücken will,
muss mutig sein.
Aber der Mut allein reicht nicht.
Man muss auch Glück haben,
denn der Farn blüht nur einmal
alle hundert Jahre.

Dieses Gedicht stammt aus dem Buch
Midsommar: Historier Om Kärlek Och Trolldom
(Mittsommer: Geschichten über Liebe und Zauberei)
von Per Gustavsson. LL-Förlaget, 1997.

MAGIE, MEDIZIN, NAHRUNG UND NUTZEN

Farne begleiten den Menschen wie eine mythenumwobene Erinnerung an eine vergangene Zeit. Sie gleichen eigentlich keinen anderen Pflanzen. Man kann keine Blüte erkennen und dennoch pflanzen sie sich fort. Wie kann das sein? Sie müssen übernatürliche und magische Kräfte haben! Vielleicht gibt es doch irgendwo unsichtbare Samen? Solche Überlegungen nährten den Aberglauben, etwa dass ein Mensch unsichtbar werden könnte, sollte er Farnsamen finden.

MAGIE UND MYTHEN

Farne spielen besonders in Mythen, die sich um die Zeit der Sommersonnwendfeier rankten, eine große Rolle. Da lange nicht bekannt war, wie sich Farne vermehrten, wurde angenommen, Farne würden im Verborgenen blühen. Wer solch eine Blüte fand, dem würden den Mythen nach ungeahnte Kräfte verliehen. Ein lediger Mann würde Glück in der Liebe und Reichtum finden, wenn er die blaue Blume des Farns entdeckte, die der Sage nach nur in der Mittsommernacht blühte. In manchen Kulturen wurde diese auch als Fruchtbarkeitssymbol angesehen. Eine Frau, die den Stiel eines Farnblatts auseinanderschnitt, sollte darin die Initialen ihres Zukünftigen erblicken können. In der Mittsommernacht sollte man sich zudem nackt neben die Echte Mondraute legen. Dann würde eine Flamme auflodern und wer sie schnell löschte, konnte jedes Schloss öffnen. Ein Stück Farnkraut in der Tasche sollte Glück bei geschäftlichen Angelegenheiten bringen. Carl von Linné berichtet in seinem Reisetagebuch von der klugen Alten Ingeborg in Småland, die jeden Tag einen magischen Königsfarn *(Osmunda regalis)* aufsuchte, um sich Rat für ihre Weissagungen zu holen. Wie genau ihr der Königsfarn half, erzählte Ingeborg nicht, aber der Bericht zeigt, dass die Menschen wirklich an die magische Kraft des Farns glaubten.

ECHTE MONDRAUTE

Botrychium lunaria

Die Mondraute ist ein kleiner Farn, oft gerade einmal 10 cm hoch. Der Artname «lunaria» bedeutet mondförmig und kommt vom Lateinischen «luna» (Mond). Die Pflanze wurde früher oft mit Zauberei in Verbindung gebracht. Sie sollte Schlösser und Fesseln öffnen können, wenn man sie auf richtige Weise sammelte.

Lange Zeit glaubte man auch, dass der Farn das Haus vor allem schützen könnte, was dort nicht eindringen sollte – von unheimlichen Kreaturen bis hin zu Ratten. Der Wurmfarn sollte beispielsweise die Hausbewohner vor Hexen, Trollen und anderen Ungeheuern schützen. Deshalb pflanzte man Farne oft entlang der Grundstücksgrenze oder rechts und links des Eingangs alter Bauernkaten. Sie stehen auch heute noch auf verlassenen Grundstücken draußen im Wald.

Farne hatten aber auch einen zwielichtigen Ruf. Man glaubte, dass sie den Hexen als Vorrat dienten und magische Kräfte verliehen, etwa um sich unsichtbar zu machen oder das Wetter zu beeinflussen. Außerdem kamen sie in Zaubersprüchen vor, um mit den bösen Geistern in Kontakt zu treten, vielleicht sogar mit dem Teufel selbst.

KÖNIGSFARN

Osmunda regalis
Der Name stammt vom lateinischen «rex» (König) bzw. «regalis» für königlich. Er bezieht sich auf das stattliche Aussehen des Farns. Viele Farne, insbesondere *Osmunda*, lassen sich kompostieren und zu nährstoffreicher Pflanzerde verarbeiten, besonders für die Orchideenzucht.

Älvalek (Elfenspiel) von August Malmström, 1866.

Die Elfen tanzten in der Sommernacht und wollten gern den Samen der Unsichtbarkeit stehlen – man musste wachsam sein.

DAS PFLANZLICHE LAMM – *CIBOTIUM BAROMETZ*

Das Rhizom des Baumfarns *Cibotium barometz* (Chinesischer Schatullenfarn) hat gewisse Ähnlichkeit mit einem Lamm, wenn man es umgedreht betrachtet. So kam es, dass es als Baumlamm, Pflanzliches Lamm *(Agnus vegetabilis)*, Tatarisches oder auch Skythisches Lamm *(Agnus scythicus)* bezeichnet wurde. Letzteres ist verwunderlich, denn das mittelalterliche Reich der Skythen und Tataren lag in Mittel- und Zentralasien, also nördlich des Schwarzen Meeres, während *Cibotium barometz* nur südlich des Schwarzen Meeres in Südostasien vorkommt. Wie kann es sein, dass dieser Farn Skythisches oder Tatarisches Lamm genannt wurde?

Alles begann im 14. Jahrhundert mit dem Engländer Sir John Mandeville, der in seinen berühmten Reiseschilderungen die Kunst verstand, eine Geschichte zu würzen. 1322 reiste er zu einer Pilgerreise ins Heilige Land und kehrte erst 34 Jahre später mit seinen Reiseerzählungen *The voyages and Travels of Sir John Mandeville, Knight* zurück. Das Buch erregte in der mittelalterlichen Welt großes Aufsehen und inspirierte viele der großen Entdecker der Renaissance zu eigenen Reisen, darunter auch Christopher Columbus. Er verwendete Mandevilles Buch quasi als Reiseführer und versuchte mit den Aufzeichnungen die spanische Krone davon zu überzeugen, die Kosten für seine Reisen zu übernehmen. Heute weiß man, dass Mandevilles Buch größtenteils aus Plagiaten und fingierten Beschreibungen besteht.

Mandeville berichtete, dass er während seines Besuchs beim Khan im Tatarenreich einen seltsamen Baum gesehen habe, an dessen Zweigen kleine Lämmer in Kapseln wüchsen. Die Menschen dort äßen sie und auch Mandeville habe sie äußerst wohlschmeckend gefunden.

Diese Geschichten inspirierten selbstverständlich auch andere, nach dem mystischen Gewächs zu suchen, das Lämmer produzierte – auch wenn niemand es je fand. Stattdessen kehrten die Reisenden mit vagen, ausgeschmückten Erzählungen aus zweiter Hand nach Hause zurück und die Lügengeschichte verbreitete sich mehr und mehr. Aus dem Gewächs mit kleinen Lämmern an den Zweigenden wurde ein Gewächs mit lang aufragendem Stiel mit einem Lamm ganz oben auf der Spitze.

Erst im 16. Jahrhundert wurden kritische Stimmen lauter, die die Wesen – halb Baum, halb Lamm – in Asien infrage stellten. Es kam zu Debatten unter Naturkundlern, besonders in England. Doch viele glaubten an den Mythos des Baumlamms und verwiesen wütend darauf, dass man Gottes Geschöpfe nicht verleugnen dürfe. So ging es bis ins 17. Jahrhundert, als der Mythos um das Baumlamm anfing, sich aufzulösen.

Im Jahr 1600 erhielt der Gründer des *Natural History Museum*, Sir Hans Sloane, ein bemerkenswertes Pflanzenstück aus Indien zugeschickt. Zuerst dachte er, dass es sich um ein künstlerisch geformtes Lamm handelte: Der Wurzelstock ähnelte dem Körper und die

Sir John Mandeville, ein berühmter Reisender des 14. Jahrhunderts, beherrschte die Kunst, eine Geschichte auszuschmücken. Viele Mythen sind von seinen Berichten inspiriert, darunter der Mythos des tatarischen Baumlamms.

abgeschnittenen Stiele entsprachen den Beinen. Hier hatte man endlich ein Exemplar des schwer zu findenden Baumlamms! Bei genaueren Nachforschungen stellte sich das Mitbringsel jedoch als ein Rhizom eines Baumfarns heraus. Sloane präsentierte seinen neuen Fund der *Royal Society*, um ein für alle Mal mit dem Mythos des Baumlamms aufzuräumen. Sloane erhielt dabei Unterstützung durch den deutschen Botaniker Dr. Breyn, der unabhängig und ohne Kenntnis von Sloanes Fund das lammähnliche Rhizom in Indien entdeckt hatte.

Sloane und Breyn überzeugten schließlich die Wissenschaftler und die Allgemeinheit mit ihren Argumenten, dass das Baumlamm keine Pflanze war, auf der Lämmer wuchsen, sondern das Ergebnis fantasievoller Geschichten darstellte.

Stattdessen handelte es sich um das Rhizom eines Farns, das – drehte man die Pflanze auf den Kopf – einem Lamm ähnelte. Bald war man sich in dieser Sache weltweit einig. Auch Carl von Linné schloss sich dieser Meinung an. Als er den Baumfarn mit dem lammähnlichen Rhizom klassifizierte, gab er ihm den Namen *Cibotium barometz;* «barometz» ist das tatarische Wort für «kleines Lamm».

Bleibt die Frage, wie es kommen konnte, dass die Geschichten über das Lämmergewächs im Mittelalter aus dem Tatarenreich kommen konnten, wenn der Farn doch nur in Südostasien wächst? Hatte Sloane Unrecht, wenn er behauptete, der Baumfarn *Cibotium* sei das mythenumwobene Baumlamm? Dafür spricht einiges. Es gibt nämlich eine Pflanze, die wesentlich besser zu den ursprünglichen Berichten über das Baumlamm passt als *Cibotium*, und zwar Baumwolle. Die Baumwollpflanze mit ihren weißen Bauschen an den Zweigenden ähnelt sehr der Pflanze aus Mandevilles Geschichte. Bereits die griechischen Geschichtsschreiber der Antike berichteten über die indische Baumwolle. Eine verbreitete Bezeichnung der alten Griechen war «Baum mit Knäueln von Wolle», ein damals nahe liegender Vergleich, denn die Griechen fertigten ihre gesamte Kleidung aus Wolle.

Es ist wahrscheinlich, dass Mandeville nicht nur diese Fehlübersetzungen aufnahm, sondern sie auch noch zusätzlich ausschmückte. Baumwolle wuchs zwar nicht im damaligen Tatarenreich, aber es war in dem Gebiet eine verbreitete Handelsware und sowohl Mandeville als auch die alten Griechen waren ihr mit hoher Sicherheit begegnet.

So kam es, dass ein Baumfarn aus Indien das tatarische Wort für Lamm als wissenschaftlichen Namen trägt. Was eine kleine Baumwollpflanze alles anrichten kann.

NAHRUNGSMITTEL UND MEDIZIN

Farne werden seit Urzeiten als Medizinpflanzen verwendet und in vielen Kulturen nutzte man sie zur Verbesserung der allgemeinen Gesundheit. Bereits im antiken Griechenland hatte man die gesundheitsfördernde Wirkung der Farne entdeckt und verwendete sie als Heilmittel für ein breites Spektrum von Krankheiten, wie beispielsweise Asthma, Haarausfall, Nierenleiden und Wurmerkrankungen.

In Europa entdeckte man Farne als Heilpflanzen etwa ab dem Mittelalter. So nutzte man den Wurmfarn, um Wurmerkrankungen im Darm zu heilen. Darüber hinaus galt die Pflanze in der alten Volksmedizin als universelles Heilmittel gegen vielerlei Beschwerden, vom Rheumatismus über Krampfadern bis zum Hexenschuss. Die Behandlung konnte jedoch schwerwiegende Nebenwirkungen mit sich bringen, die teilweise sogar zum Tod führten. Daher verlor der Wurmfarn an Bedeutung als Medizinpflanze, sobald besser verträgliche Alternativen zur Verfügung standen. Ein weiterer medizinisch genutzter Farn war *Asplenium trichomanes*, der Braunstielige Streifenfarn. Aus seinen Blättern kochte man einen Sud gegen Leber- und Milzbeschwerden.

Da Farne in unterschiedlichem Ausmaß giftig sind und es leicht zu Verwechslungen mit stark giftigen Arten kommen kann, raten wir dringend davon ab, Farne zu medizinischen Zwecken selbst zu sammeln. Bitte lassen Sie sich von einem/einer Phytotherapeut:in oder in einer gut sortierten Apotheke beraten, wenn Sie sich für die Anwendung von Farnen als Medizinpflanzen interessieren.

POLYPODIUM VULGARE – GEWÖHNLICHER TÜPFELFARN

Polypodium vulgare ist ein kleiner, ca. 20 cm großer, wintergrüner Farn, der in Mitteleuropa weit verbreitet ist. Er wächst oft zwischen Moosen auf Steinen und Felsen oder auf umgestürzten Bäumen, besonders in Nadelwäldern. Der Tüpfelfarn wurde schon früh als Universalheilmittel verwendet. Ein Sud aus der Wurzel sollte als schweiß- und harntreibendes Mittel Krankheiten aus dem Körper vertreiben. Bis heute verwendet man den Tüpfelfarn in der alternativen Medizin als Schleimlöser bei Halsschmerzen oder als Mittel gegen Verstopfung.

Sogar Tabakmischungen wurde der Tüpfelfarn zugesetzt. Tabak war im 18. Jahrhundert und noch bis Ende des 19. Jahrhunderts eine bedeutende Nutzpflanze in der Landwirtschaft. Um den Tabak zu aromatisieren, mischte man die vermahlenen Wurzeln des Tüpfelfarns unter die Kautabakmischungen.

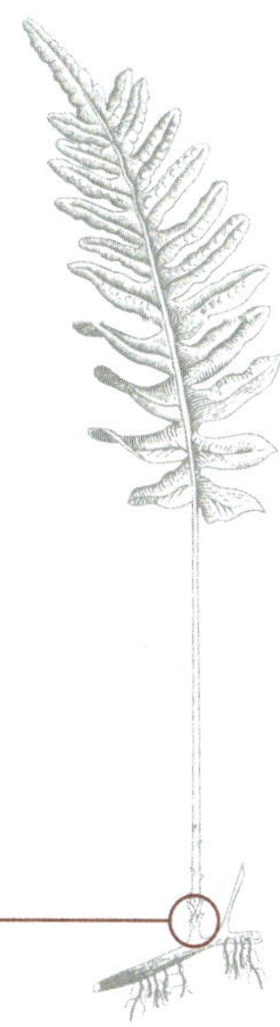

MÖGLICHE ANWENDUNGEN

Tüpfelfarnwurzeln, auch Engelsüßwurzeln genannt, finden Sie in gut sortierten Apotheken und Teegeschäften. Aufgrund seiner abführenden Wirkung ist Tüpfelfarnwurzel für Kinder, Stillende und Schwangere nicht geeignet und sollte auch von allen anderen nur zeitlich stark begrenzt eingenommen werden.

Beachten Sie bitte immer die Dosierangaben und weitere Hinweise der Produzenten und fragen Sie im Zweifelsfalls Ihren Hausarzt.

Schleimlösender Tee

Für einen Tee, der Schleim im Hals oder festsitzenden Husten löst, benötigen Sie rund einen Teelöffel Tüpfelfarnwurzeln im getrockneten Zustand. Mit 100 ml kochendem Wasser übergießen, 10 bis 15 Minuten ziehen lassen und trinken.

Abführender Sud

Um einen Sud oder ein teeähnliches Getränk gegen Verstopfung zuzubereiten, verwenden Sie einen Teelöffel Tüpfelfarnwurzel und geben diese in 200 ml kochendes Wasser. Mindestens 5 Minuten köcheln und zwei bis drei Stunden vor der Einnahme ziehen lassen.

Pil.

OPHIOGLOSSUM VULGATUM – GEWÖHNLICHE NATTERNZUNGE

Ophioglossum vulgatum ist ein kleiner, höchstens 15 cm hoher, mehrjähriger Farn. Aus seinem kurzen Rhizom sprießen die oberirdischen Blätter, die zwei unterschiedliche Formen haben. Der Farn besitzt auch eine sterile «Scheibe» und einen dünnen sogenannten Sporangienstand, der an den beiden Rändern die dicht angeordneten Sporangien trägt. Bei der Natternzunge ist der Sporangienstand ganzrandig und schmal im Gegensatz zur Echten Mondraute, bei der er paarfiedrig ist. Oberhalb des Sporangienstands endet die fertile Blattspreite mit einer Spitze ohne Sporangien. Die Sporangien sind rund und gleichgestaltet.

Die Gewöhnliche Natternzunge bildet wie alle Natternzungengewächse zwar Wurzeln, aber keine Wurzelhaare. Deren Funktion wird vermutlich von Mykorrhizapilzen übernommen. Als Mykorrhiza bezeichnet man die Symbiose zwischen Pilzen und höheren Pflanzen: Das feine, unterirdische Pilzgeflecht dringt in die Pflanzenwurzeln ein und erleichtert es der Pflanze, Wasser und Nährstoffe aufzunehmen. Im Gegenzug erhält der Pilz organische Verbindungen aus der Pflanze. Der Pilz kann auch antibiotische Stoffe an die Pflanze abgeben, die sie vor parasitischen Angriffen schützen.

EIN GENAUERER BLICK AUF *OPHIOGLOSSUM*

Es gibt rund 40 bekannte Arten der Gattung *Ophioglossum*, die weltweit verbreitet sind und die in der Volksmedizin vieler Kulturen Verwendung finden.

In unseren Breiten ist nur die Art *Ophioglossum vulgatum* heimisch, die Gewöhnliche Natternzunge. Der kleine, anspruchslose Farn erreicht oft nur eine Höhe von rund 15 cm. Er ist leicht zu erkennen, da er nur aus einem Blatt und dem aufrechten Sporangienstand besteht, an dem die Sporangien in zwei Reihen aufgereiht sitzen.

Die Gattung *Ophioglossum* erhielt ihren Namen bereits von Plinius dem Älteren (29–79 n. Chr.) nach dem Griechischen «ophios» (Schlange) und «glossa» (Zunge). Der Name Natternzunge ist also fast eine direkte Übersetzung des wissenschaftlichen Gattungsnamens. Linné entdeckte die Pflanze 1741 bei einem Besuch auf Gotland und beschrieb ihre heilenden Eigenschaften: «Ophioglossum wird Läketunga genannt, aus der man hier vor Ort eine heilende Salbe macht.»

Die Natternzunge scheint dennoch keinen nachhaltigen Erfolg als Medizinpflanze erzielt zu haben. Bereits 1801 schrieb der schwedische Anatom und Anthropologe Anders Adolf Retzius in seiner Schrift *Försök till en Flora Oeconomica Sveciae* (Versuch einer Flora Oeconomica Schwedens), Linné habe zwar über die Verwendung einer Salbe berichtet, nicht aber über die Zubereitung. Er fuhr fort: «… aber man hat keinen Grund, sich davon irgendeine große Wirkung zu versprechen.» Vielleicht kam man deshalb wieder auf den ursprünglichen Namen «Natternzunge» zurück.

Linné war allerdings nicht der Einzige, der *Ophioglossum* als Medizinpflanze betrachtete. Auch aus anderen europäischen Ländern gibt es Quellen, die darauf hindeuten, dass die Natternzunge lange zur Herstellung heilender Salben verschiedenster Art verwendet wurde, etwa zur Linderung bei Schlangenbissen oder Augenjuckreiz und zur Unterstützung der Wundheilung.

Natternzunge in *Bilder ur Nordens flora* (Bilder der Flora des Nordens) von C.A.M. Lindman, 1922.

Der englische Kräuterarzt John Gerard schrieb 1597 in *The Herball:* «Die Blätter der Natternzunge werden in einem Steinmörtel zerstoßen und anschließend in Olivenöl gekocht, bis der Blattsaft ausgetreten ist und die Pflanze trocken und versengt ist. Dann wird das Ganze abgeseiht. Der Ertrag ist ein außergewöhnlich grünes Öl oder Balsam für infizierte Wunden, das mit St. Johanniskraut verglichen werden kann, wenn es dieses nicht sogar übertrifft. Seine Vortrefflichkeit ist solcher Art, dass viele Künstler geglaubt haben, es wäre mit Verdigris oder Spanischgrün (grünen Farben) vermischt.»

In ihrem Buch *Ferns of Great Britain* (1855) schreibt die Autorin Anne Pratt, dass Gerards Salbe aus Natternzungen noch immer in vielen Teilen des Landes unter der Bezeichnung «die wohltuende grüne Salbe» verwendet wird.

Anne Pratt (1806–1893) war eine der bekanntesten Illustratorinnen von botanischen Werken des 19. Jahrhunderts. Sie war auch als Schriftstellerin bekannt und schrieb Bücher über Botanik und Garten, Kulturgeschichte und Ethnobotanik. Von ihrem Buch über Farne wurden zwei Auflagen gedruckt.

Eine weitere Art, *Ophioglossum reticulatum*, wird auf ähnliche Art in weiten Teilen Asiens als Heilmittel verwendet, ist aber auch ein sehr geschätztes Blattgemüse, das sowohl warm zubereitet als auch roh in Salaten verzehrt wird. Diese Art hat außerdem den höchsten Chromosomensatz, den man jemals bei Organismen gefunden hat (2n = 1260–1440).

Auch den epiphytischen (am Baum wachsenden) Farn *Ophioglossum pendulum* isst man in Asien als Blattgemüse. Mit Kokosöl vermischt verwendet man ihn in Indonesien als Haarkur, während man auf den Philippinen aus den Blättern einen Tee kocht, mit dem Husten gelindert werden soll.

In Taiwan gibt eine Jahrhunderte alte Tradition in der Volksmedizin, aus *Ophioglossum petiolatum* einen Tee herzustellen, der alle denkbaren Leiden heilen soll, mit anderen Worten ein echtes Universalheilmittel. Der Farn wächst wild auf der Insel, wird aber auch in den Parks in Taipei angepflanzt. Heutzutage verarbeitet man die Blätter auch häufig getrocknet und zermahlen zu einer dicken Kräuterpaste, die als Gesichtscreme gegen Akne verwendet wird.

Achtung: Wenn Sie nun Appetit auf Farne bekommen haben, müssen wir Sie enttäuschen. Einige der in Mitteleuropa heimischen Arten sind hochgiftig. Auch *Ophioglossum reticulatum* gilt nicht als essbar. Daher sollten Sie hierzulande keinen Farn essen.

FARNE ALS NUTZPFLANZEN

In vielen Kulturen wurden Farne traditionell als Nutzpflanzen verwendet, zum Beispiel als Färbemittel. Die Blätter des hawaiianischen Farns *Sphenomeris chinensis* ergeben einen roten Farbton. Sie werden heute wieder häufiger verwendet, seit man sich auf alte Handwerksmethoden rückbesinnt und natürliche Färbemittel einsetzen will. Der heimische Adlerfarn wird ebenfalls als Färbemittel genutzt – seine Rhizome ergeben einen charakteristischen gelblichen Farbton.

Adiantum pedatum, der Pfauenrad-Frauenhaarfarn, hat die schönsten Blätter aller Farngattungen, galt aber auch als vielseitige Nutzpflanze. Die Fasern im Stiel sind sehr stabil und wurden unter anderem zur Herstellung von Körben genutzt.

Mit dem Straußfarn, *Matteuccia struthiopteris*, fütterte man in früheren Zeiten das Vieh, verwendete ihn aber auch als Material zum Abdecken von Wohnhäusern und Scheunen. Glasbläsereien nutzten die Farnblätter als Verpackungsmaterial, um Glas zu verschicken. Sie sind weich, aber auch widerstandsfähig und federn Stöße gut ab.

STRAUSSFARN

MATTEUCCIA STRUTHIOPTERIS

LICHT
sonnig bis schattig

WASSER
feucht bis nass

BODEN
bevorzugt Lehmboden

Der Straußfarn mag wenig spektakulär erscheinen, aber mit seinem vasenförmigen Wuchs und den gefiederten Blättern, die an Straußenfedern erinnern, kann er an vielen Standorten den Garten verschönern. Der Farn hat sowohl sterile als auch fertile Blätter. Die sterilen Blätter erscheinen zeitig im Frühjahr und bilden zunächst eindrucksvolle Bischofsstäbe, die sich elegant entrollen. Die fertilen Blätter entwickeln sich erst spät in der Saison. Nachdem die Sporen abgefallen sind, bleiben die brauen Schleier noch den Winter über und bis ins zeitige Frühjahr hinein als dekorativer Gartenschmuck stehen.

Um 1830 verbrannte man in England die Blätter des Adlerfarns und stellte aus der Asche Seife her.

Kompost aus Farnen wurde als Anzucht-erde verwendet. Besonders *Osmunda* gab eine gute Erde, die vor allem für Orchideen verwendet wurde.

Farne wurden in vielen Kulturen als Nutzpflanze verwendet – vom Färbemittel über Matratzenfüllungen bis zum Deckmaterial für Dächer.

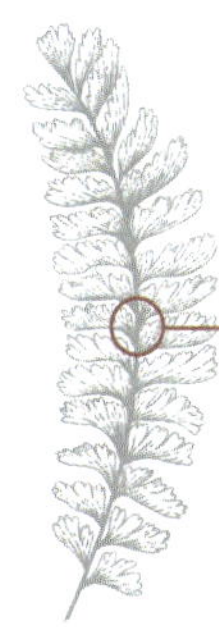

ADIANTUM PEDATUM – PFAUENRAD-FRAUENHAARFARN

Die Fasern im Stiel von *Adiantum pedatum* sind sehr kräftig und können unter anderem zum Flechten von Körben oder als Bindematerial verwendet werden.

ADLERFARN – *PTERIDIUM AQUILINUM*

Der Adlerfarn ist eine der häufigsten Pflanzen der Erde und stellt in manchen Länder ein lästiges Unkraut dar. In Großbritannien bedeckt er ganze drei Prozent der Landesfläche. In Mitteleuropa ist er in lichten Wäldern sehr verbreitet.

Der Farn bildet dichte Bestände mit einzelnen aufrechten, lang gestielten und dreifach gefiederten Blättern. Schneidet man das Rhizom etwas schräg ab, dann ähneln die Gefäßstränge in seinem Inneren zumindest mit etwas Fantasie der Silhouette eines Adlers. Im Frühjahr sehen außerdem die jungen Triebe ein wenig wie ein Adler mit eingezogenen Krallen aus, was zum Namen dieser Pflanze beigetragen haben könnte. Sein englischer Name «bracken» hat seinen Ursprung im Urnordischen, wie auch die schwedische Bezeichnung «bräken» oder die dänische «bregne» als Sammelbezeichnung für Farne überhaupt. Auf den britischen Inseln wurde der Adlerfarn von skandinavischen Wikingern als Nutzpflanze eingeführt, unter anderem als Gemüse in der Landwirtschaft.

Der Adlerfarn hat lange und stark wachsende unterirdische Rhizome, mit denen er sich wirkungsvoll über weite Gebiete verbreiten kann. Stiele und Blattspreiten der Pflanze machen dabei nur zehn Prozent seiner gesamten Biomasse aus, der Rest ist Rhizom. Das zeigt nicht nur, wie leicht er sich verbreitet, sondern auch, warum es so schwer ist, ihn im Garten wieder loszuwerden.

Doch das ist noch nicht alles: Der Adlerfarn steckt voller giftiger Tannine, Phenole und Cyanid freisetzender Glykoside. Daher sollte man beim Auspflanzen in den Garten darauf achten, dass er außer Reichweite von Tieren und Kleinkindern platziert wird. Er enthält auch allelopathisch wirksame Stoffe, die er in seine Umgebung abgibt. Diese Substanzen verschlechtern das Wachstum und die Vermehrung anderer Pflanzen, was dem Adlerfarn wiederum einen Konkurrenzvorteil verschafft.

Der Adlerfarn arbeitet auch mit Ameisen zusammen: Dazu sondert er ein honigähnliches Extrakt ab, das die Ameisen anlockt. Um das Futter nicht teilen zu müssen, verjagen die Tiere andere Insekten, darunter auch solche, die für die Pflanze eine potenzielle Gefahr bilden – so sorgen die Ameisen für einen effektiven Schutz gegenüber Schädlingen, die den Adlerfarn beeinträchtigen könnten.

Der Adlerfarn steckt also voller Widerstandskraft und kann damit schnell große Gebiete erobern. Wenn er anfängt, in den Garten einzudringen, besteht berechtigter Grund zur Sorge. Die einzige Alternative, ihn ohne Herbizide in Schach zu halten, besteht darin, seine Stängel jedes Jahr im Hochsommer abzuschneiden. Wenn man hartnäckig genug ist, wird der Farn irgendwann müde und sein Wachstum lässt nach. Aber das ist ein langwieriger Prozess.

Darüber hinaus gibt es aber eine ganze Reihe weiterer Anwendungsgebiete für die Pflanzen. Traditionell verwendete man sie als Einstreu in Scheune und Stall, weil die Wedel sehr saugfähig, aber nicht so voluminös sind, was das Ausmisten erleichtert. Mittlerweile ist bekannt, dass der Adlerfarn für Tiere wie Pferde, Rinder, Ziegen und Schweine hochgiftig ist, daher werden Farne nicht mehr als Einstreu eingesetzt.

Der Adlerfarn ergibt auch ein ausgezeichnetes Düngemittel im Garten. Kompostiert man ihn, erhält man ein Substrat, das durch seinen reichen Stickstoff- und Kaliumgehalt die Erde verbessert. Außerdem nimmt diese Komposterde Feuchtigkeit gut auf und hat einen niedrigeren pH-Wert als viele andere Komposterden. Man kann sie sowohl als Aussaaterde als auch für Pflanzen verwenden, die einen etwas niedrigeren pH-Wert benötigen, zum Beispiel Blaubeeren, Rhododendren und Kamelien. Heute bestehen die meisten Gartensubstrate größtenteils aus Torf, dessen Abbau alles andere als unproblematisch ist. Die Natur braucht extrem viel Zeit, um Torf zu bilden, und da wir den Torf heute schneller abbauen, als er natürlich nachwächst, geht diese Gleichung nicht auf. Das Ökosystem wird zerstört, wir zehren an den Ressourcen der Erde und wichtige Biotope verschwinden. Indem wir als Alternative kompostierten Adlerfarn verwenden – eine widerstandsfähige und weit verbreitete Pflanze –, können wir aktiv zum Naturschutz beitragen, was nicht nur für Mutter Erde, sondern auch für uns Menschen etwas Gutes ist.

Der Adlerfarn bewahrt die Feuchtigkeit im Boden und hält gleichzeitig Unkraut ab. Studien haben gezeigt, dass die allelopathischen Substanzen in der Pflanze den Unkrautwuchs wesentlich verringern. Bedeckt man den Boden mit Adlerfarnblättern, ist das eine Form von chemischer Unkrautbekämpfung, aber auf natürliche Art! Außerdem enthält der Adlerfarn Flavonoide, Stoffe mit antibiotischer Wirkung, und er hat sich als wirkungsvolles Bekämpfungsmittel gegen bestimmte Pilzkrankheiten erwiesen, zum Beispiel gegen *Pythopthora*, der unter anderem die Krautfäule an Kartoffeln verursacht. Der vielseitige Adlerfarn produziert sogar Substanzen, die sich in Tests als giftig gegenüber diversen Schadinsekten gezeigt haben. Daher versucht man nun, Präparate aus Adlerfarnextrakten herzustellen, um damit beispielsweise die Möhrenfliege zu bekämpfen.

Darüber hinaus enthält der Adlerfarn viel Kohlenstoff, was eine hohe Energiegewinnung bei der Verbrennung ergibt. Er könnte damit in Zukunft zu einem der wichtigsten Biobrennstoffe für nachhaltiges Heizen werden. Bereits jetzt sind auf dem internationalen Markt Pellets aus Adlerfarn erhältlich. Die nach dem Verbrennen übrig gebliebene Asche kann wiederum als Dünger verwendet werden. Sie enthält sehr wenig Stickstoff, ist aber reich an Kalium, was sie zu einem ausgezeichneten Düngemittel für die späte Saison macht, denn Kalium begünstigt die Fruchtbildung und Reife, aber auch den Überwinterungsprozess der Pflanze.

Der Adlerfarn mag in Parks und Gärten zum Problem werden. Doch das wird durch die anderen fantastischen Eigenschaften wirklich aufgewogen. Wenn man sie kennt, kann uns der Adlerfarn nützlich sein – sowohl in der eigenen kleinen Gartenwelt als auch in größerem gesellschaftlichem Rahmen. Eine wirklich faszinierende Pflanze!

ADLERFARN

PTERIDIUM AQUILINUM

LICHT
halbschattig

WASSER
bevorzugt trockene Standorte

BODEN
sauer und meist nährstoffarm

AZOLLA – KLEINE FARNE MIT VIELFÄLTIGER VERWENDUNG

Zu der im Wasser lebenden Gattung der Algenfarne (*Azolla*) zählt auch die kleinste Farnart der Welt: *Azolla caroliniana* misst nur 0,5 bis 1 cm im Durchmesser. Algenfarne sind eine faszinierende Gattung, die in der Forschung vielfach Aufsehen erregte, nicht zuletzt aufgrund ihrer großen ökologischen Bedeutung und der Möglichkeit, das Klima positiv zu beeinflussen.

Der Algenfarn nimmt Stickstoff aus der Luft auf und kann so den Boden verbessern. Genauer gesagt sind es Stickstoff fixierende Cyanobakterien (*Anabaena azollae*), die in Hohlräumen der oberen Blätter des Algenfarns leben und reinen Stickstoff (N_2) – den Pflanzen nicht aufnehmen können – in Ammonium umwandeln, das für die Pflanzen verfügbar ist. Von dieser Symbiose profitieren beide Seiten: Die Cyanobakterien erhalten einen guten Platz zum Wachsen und der Algenfarn bekommt kontinuierlich seinen lebensnotwendigen Stickstoff. Beide Arten wachsen auch unabhängig voneinander, sie gedeihen aber am besten zusammen.

Der im Wasser wachsende Algenfarn wird seit Urzeiten als Dünger verwendet. Außerdem hilft er, das Unkraut in Reisfeldern unter Kontrolle zu halten, insbesondere in China und Vietnam. Das ermöglicht es den Reisbauern, kontinuierlich auf demselben Feld Reis anzubauen, ohne dass die Produktion zurückgeht.

Bei einer stetig wachsenden Erdbevölkerung und dem daraus resultierenden Anstieg des Reisanbaus und der übrigen Nahrungsmittelproduktion gewinnen solche Erkenntnisse zunehmend an Bedeutung. Bereits heute ist Reis für circa 2,5 Milliarden Menschen das Grundnahrungsmittel und der Reisanbau nimmt ungefähr elf Prozent der weltweiten Anbaufläche ein.

Die Gründüngung mit Algenfarn kann auch in kleinerem Maßstab erfolgen. Er ist ein tolles Gewächs für den Gartenteich. Seine grünroten Blätter

Der kleinste Farn der Welt kann in zwei bis drei Tagen seine Biomasse verdoppeln. Dabei speichert er große Mengen an Kohlenstoff, den er der Luft in Form von Kohlendioxid entzieht.

sind dekorativ und er wächst außerdem so schnell, dass man ihn während der Saison mehrmals als Gründünger schneiden kann. Weil er so schnell wächst, in kalten Regionen aber leider nicht winterfest ist, kann man ihn als einjährige Pflanze einsetzen. Wer die Möglichkeit hat, kann ihn auch im Haus überwintern.

Der Algenfarn hat aber noch weitere Eigenschaften, die sich für Mensch und Umwelt als nützlich erwiesen haben. Innerhalb von zwei bis drei Tagen kann er seine Biomasse verdoppeln, sodass er damit große Mengen Kohlenstoff binden kann, die ansonsten als Kohlendioxid in die Atmosphäre gelangen würden.

Der Anbau von Algenfarn in großem Stil könnte also den Treibhauseffekt verringern und ihm entgegenwirken – was er bereits vor 49 Millionen Jahren getan hat. Vor einiger Zeit entdeckte man nämlich, dass sich Algenfarne damals im Nordpolarmeer explosionsartig vermehrten. Sie banden Kohlendioxid aus der Luft und zogen ihn mit sich, wenn sie auf den Meeresboden absanken. So halfen sie, den damaligen Treibhauseffekt zu reduzieren.

Ein weiteres Anwendungsgebiet für den Algenfarn hat sich im Bereich der Mückenbekämpfung aufgetan. Der Algenfarnteppich breitet sich so schnell auf einem Teich aus, dass er die Mücken daran hindert, ihre Eier auf der Wasseroberfläche abzulegen. Mückenlarven, die versuchen, zum Atmen an die Wasseroberfläche zu gelangen, ersticken. Der Algenfarn könnte damit ein wirkungsvolles Werkzeug im Kampf gegen Malaria darstellen. Man stelle sich vor, dass der kleinste Farn der Welt sich als Wohltäter für die ganze Gesellschaft erweist!

Gerade diese Eigenschaft kann sich natürlich auch als problematisch herausstellen, da die schwimmenden Teppiche andere Wasserpflanzen geradezu überwuchern.

«Farn. Wächst auf waldartigem Boden. Die Wurzel kriecht tief in die Erde hinein und magert nahestehende Gewächse aus. Wo der Farn auf den Äckern wächst, macht er das Pflügen beschwerlich. In Dänemark wird das Kraut als Streu unter den Pferden verwendet, die Blätter dienen den Armen zum Ausstopfen von Bettdecken und Matratzen. In England statt Brennholz, um zu kochen, obgleich seine Flamme sehr heiß ist. Von der in Wasser gekochten Asche werden Kugeln gemacht, die man statt Seife nutzt. Beim geringsten Frost vergilben seine Blätter und kündigen damit die Frostnächte an.
Die unten am Boden schräg abgeschnittene Wurzel stellt recht deutlich einen gefleckten Adler dar. Gegen Würmer gibt man dem Kind mit großem Nutzen ein Quäntchen fein gestoßene Wurzel zwei- bis dreimal am Tag, danach einen Tee aus derselben Wurzel klein geschnitten einmal in der Woche als gutes Abführmittel.»

Aus: *Anwisning til Wäxt-Rikets kännedom* (Anweisung zur Kenntnis des Pflanzenreiches) von Carl Fredrik Hoffberg, 1792

503
A
B
A. STENBRÄKEN, CYSTOPTERIS FRAGILIS (L.) BERNH.
B. HÄLLEBRÄKEN, WOODSIA ILVENSIS (L.)
502
GRANBRÄKEN, DRYOPTERIS CRISTATA (L.) A. GRAY.

SALVINIA MOLESTA – EIN ÄUSSERST LÄSTIGER GEGNER

Kann ein winziger Farn das Leben von über 80 000 Menschen beeinflussen? Eine ganze Gesellschaft lähmen, die Nahrungsmittelversorgung behindern, Krankenhäuser und andere gesellschaftliche Einrichtungen in Bedrängnis bringen und die Bevölkerung zwingen, ihre Häuser zu verlassen? Das hört sich unglaublich an, aber genau das passierte, als sich ein Schwimmfarn in den frühen 1980er-Jahren ungehemmt im Sepik-Fluss in Papua-Neuguinea ausbreitete.

Der fragliche Farn ist eine eingeführte Art der Gattung *Salvinia*, deren Population sich in nur zwei Tagen verdoppeln kann. Im tropischen Klima von Papua-Neuguinea bildete er schnell einen Teppich auf den Flüssen und Seen und verdrängte die heimischen Pflanzenarten. Teilweise waren die *Salvinia*-Teppiche meterdick, was es unmöglich machte, die Gewässer mit dem Kanu zu durchqueren. Da das Kanu das wichtigste Transportmittel in dieser Region ist, kamen viele Menschen nicht mehr zur Schule oder ins Krankenhaus. Außerdem konnten sie dort nicht mehr fischen, was zu weniger Einkommen und einer schlechteren Nahrungsmittelversorgung führte. In manchen Gebieten nahm der Farn dermaßen überhand, dass ganze Dörfer aufgegeben wurden.

Es war nicht das erste Mal, dass die invasive *Salvinia molesta* zuschlug. Bereits 1939 kam es zu einem Ausbruch in Sri Lanka, als der Farn aus einem botanischen Garten in der Gegend in die Wildnis gelangte. Von dort breitete er sich aus und eroberte große Gebiete in Südostasien, Indien, Australien und im südlichen Afrika.

Ein weiterer aufsehenerregender Fall ist aus Simbabwe und Sambia bekannt, wo *Salvinia molesta* innerhalb von nur drei Jahren einen 1000 Quadratmeter großen, undurchdringlichen Teppich auf dem Karibasee bildete.

Forscher:innen und Pflanzenexpert:innen auf der ganzen Welt erkannten, dass etwas getan werden musste, um zu verhindern, dass dieser Farn im Wassersystem weltweit Amok läuft. Die Frage war nur was? Zuerst versuchte man es mit Pflanzenschutzmitteln, aber obwohl sie viele Pflanzen abtöteten, überlebten immer einige und das Problem war schnell wieder da. Außerdem war es teuer, die großen Gebiete damit zu behandeln. Heute wissen wir zudem, dass die Mittel auch für Mensch und Umwelt eine Gefahr darstellen.

Dann versuchte man, den Farn mithilfe von Netzen zu entfernen, aber viele der kleinen Pflanzen schlüpften hindurch. Bei einem weiteren Versuch legte man große Barrieren im Wasser aus, um das Wachstum einzuschränken, aber die Barrieren brachen bald unter der Last der dicken Farnteppiche zusammen. Beim Versuch, den Farn maschinell abzuernten, erzielte man die gegenteilige Wirkung: Die Maschinen zerschlugen die Farne in kleinste Stücke, die sich bewurzelten und die «Farnblüte» wurde schlimmer denn je.

Man versuchte es mit dem Graskarpfen, mit dem man erfolgreich andere aquatische Unkrautarten in Schach halten kann. Doch an *Salvinia* zeigt er keinerlei Interesse. Auch als Viehfutter fand man keine lukrative Verwendung für den Farn.

Die Lage schien hoffnungslos. Pflanzenschutzexpert:innen, die sich in den 1960er-Jahren mit dem Thema beschäftigten, machten sich schließlich auf die Suche nach einem natürlichen Feind. Sie identifizierten den Algenfarn jedoch irrtümlicherweise als *Salvinia auriculata*, den in den südamerikanischen Tropen beheimateten Kleinohrigen Schwimmfarn, der dort keine auffällig großen Bestände bildete. Das deutete darauf hin, dass irgendetwas ihn in Schach hielt, was die Forscher:innen auf ein kontrollierendes Insekt hoffen ließ. Bald fanden sie in Trinidad und Guyana drei vielversprechende Arten: eine Motte, eine Heuschrecke und einen Käfer. Die drei Insektenarten wurden sorgfältig getestet, um auszuschließen, dass sie in den Gebieten, in denen sie freigelassen werden sollten, heimische, wirtschaftlich wichtige Nutzpflanzen fraßen. Die Heuschrecke zeigte sich auch an Erdbeeren interessiert und schied deshalb aus. Die Motte und der Käfer hingegen waren ganz auf den Kleinohrigen Schwimmfarn fixiert. Die Geschichte schien gut auszugehen. Aber nachdem man die Insekten in den betroffenen Gebieten ausgesetzt hatte, änderte sich der Bestand kaum. Wie konnte das sein? War es wirklich unmöglich, diesen Farn zu kontrollieren?

Der kleine Käfer *Cyrtobagus salviniae* war der Einzige, der dem invasiven Farn *Salvinia molesta* gewachsen war.

Die Antwort und damit auch die Lösung kamen mit einer entscheidenden Entdeckung an der Universität London. Etwa zu der Zeit, als man die Versuche mit den Insekten machte, wies der Forscher David S. Mitchell nach einer sorgfältigen Studie der Pflanze nach, dass es sich nicht um den Kleinohrigen Schwimmfarn handelte, sondern um eine bis dato unbekannte Art. Mitchell nannte sie passenderweise *Salvinia molesta*, Lästiger Schwimmfarn. Er stellte zudem fest, dass diese Art weitaus invasiver war als der Kleinohrige Schwimmfarn. Doch warum hat der Lästige Schwimmfarn eine solche Neigung, sich auszubreiten?

Die Blätter verfügen im Inneren über eine Luftschicht, sodass sie nicht absinken – eine ideale Anpassung an das Leben im Gewässer. Außen sind sie von einer dichten Haarschicht bedeckt, die eine zweite Oberfläche über der Blattoberfläche bildet. Wenn das Blatt unter Wasser gedrückt wird, bleibt Luft zwischen den Haaren und der Blattoberfläche eingeschlossen. Daher taucht das Blatt schnell und vollständig trocken wieder an die Wasseroberfläche auf.

Ein weiteres auffälliges Merkmal des Lästigen Schwimmfarns sind seine «Wurzeln». Was aussieht wie eine weiß-braune Masse von Wurzeln, die von den Blättern im Wasser herunterhängen, sind eigentlich die sporentragenden Blätter. Die Pflanze hat keine Wurzeln, was die Botaniker lange verwirrt hat. Vermutlich nimmt der Farn mit seinen Unterwasserblättern Nahrung und Wasser auf, was aber bisher nicht bewiesen ist. Die ins Wasser hängenden Blätter könnten auch als Schwimmanker dienen und der Pflanze mehr Stabilität verleihen.

Seltsamerweise fehlt dem Lästigen Schwimmfarn die Fähigkeit zur sexuellen Fortpflanzung, die Sporen werden niemals reif. Er vermehrt sich nur vegetativ. Alle Pflanzen dieser Art auf der ganzen Welt sind also genetisch identisch!

Mitchells Entdeckung, dass es sich um eine neue Art handelte, bedeutete einen großen Durchbruch bei der Suche nach einer Lösung. Die Entomologen konnten nun nach Insekten suchen, die eher den Lästigen als den Kleinohrigen Schwimmfarn angriffen. Und sie wussten außerdem, wo sie suchen konnten. Mitchell hatte nämlich in einem Herbarium im Botanischen Garten in Rio de Janeiro ein Exemplar des Lästigen Schwimmfarns gefunden, was darauf hindeutete, dass er in Brasilien wild vorkommt.

Zuversichtlich machten sich die Entomologen auf den Weg in die Wälder Brasiliens, wo sie tatsächlich vitale, wilde Populationen des Lästigen Schwimmfarns fanden, die nicht extrem groß waren. Aber merkwürdigerweise schienen genau dieselben Insekten den Lästigen Schwimmfarn zu fressen, die man auch am Kleinohrigen Schwimmfarn gefunden hatte, was den Forschern Kopfzerbrechen bereitete. Als man dennoch die brasilianischen Käfer in einem befallenen See in Australien aussetzte, funktionierte es! Käfer und Lästiger Schwimmfarn lebten zusammen, ohne dass einer von ihnen starb oder überhandnahm. Wie konnte das sein? Es stellte sich heraus, dass die Forscher auf der Such nach einer Lösung des *Salvinia*-Problems nicht nur eine neue Farnart, sondern auch einen neuen Käfer gefunden hatten, den sie *Cyrtobagus salviniae* nannten.

1983 setzte man den kleinen Käfer im Sepik-Fluss in Papua-Neuguinea aus. Acht Monate später hatte sich die betroffene Wasserfläche von 250 auf zwei Quadratmeter verkleinert und ungefähr zwei Tonnen *Salvinia* waren vernichtet. Dies ist ein schönes Beispiel dafür, wie effektiv eine biologische Bekämpfung sein kann. Die Methode funktioniert im Einklang mit den Spielregeln der Natur – sowohl in großem Maßstab als auch im Garten zu Hause.

Bisher ist *Savinia molesta* vor allem in den Tropen und Subtropen ein Problem. Da die Art aber Temperaturen bis etwas unter der Frostgrenze verträgt, könnte sie sich bei zunehmender Klimaänderung auch in den gemäßigten Regionen, etwa in Süd- und Mitteleuropa, ausbreiten. Glücklicherweise gibt es nun eine Lösung, nämlich den Helden dieser Geschichte – den kleinen Käfer *Cyrtobagus salviniae*, der sich als Kryptonit des Lästigen Schwimmfarns entpuppte.

FARNFIEBER –

PTERIDOMANIE –
DAS EXZESSIVE SAMMELN VON FARNEN

VERRÜCKT NACH FARNEN

DIE VERRÜCKTE ZEIT DER GRÜNEN BESESSENHEIT

Farne haben eine lange Geschichte. Sie erlebten schon den Aufstieg und Untergang der Dinosaurier, sie überlebten mehrere Massensterben und sie spielten eine wichtige Rolle in der Geschichte der Menschheit. Den bisher größten Begeisterungssturm lösten sie im viktorianischen England aus. Damals stiegen Farne zu absoluten Kultpflanzen auf und durchdrangen als Gewächs und Phänomen die gesamte viktorianische Gesellschaft.

Das Viktorianische Zeitalter erstreckte sich von 1837 bis 1901. Damals regierte Königin Victoria über Großbritannien.

Die Karte zeigt das britische Weltreich von 1897. Da es weit entfernte Gebiete umfasste, bot es fantastisch viele Möglichkeiten, exotische Farnarten für das eigene Heim zu beschaffen.

Sie tauchten in Kunst und Design auf, natürlich auch im Garten, selbst in der Architektur und im Theater. In der Inneneinrichtung waren Farne fast ein Muss, sei es als Topfpflanze oder als Ornament. Während dieser Zeit gelang es den Farnen, die Vorstellungswelt einer ganzen Gesellschaft zu beherrschen und die Menschen völlig verrückt zu machen – verrückt nach Farnen!

Im viktorianischen England liebten es die Menschen farbig, ob bei der Inneneinrichtung, der Kleidung oder im Garten. Aber irgendwann wurden Stimmen laut, dass die bunten Rabatte übertrieben bunt seien und wenig geschmackvoll. In Gartenbüchern und -zeitschriften wurde damit begonnen, stattdessen von Farnen zu schwärmen. Einen Garten mit Farnen anzulegen, zeuge von Kultiviertheit und gutem Geschmack. Hinter der übermäßigen Popularität der Farne kann also auch die Angst gestanden haben, vulgär zu erscheinen.

In England wie im übrigen Europa begann man im 19. Jahrhundert, sich zunehmend für Pflanzen und Botanik zu interessieren. Man sammelte Pflanzen und setzte neue, exotische Exemplare in die Gärten. Hinter diesem Pflanzeifer stand größtenteils wissenschaftliche Neugierde. Aber auch die ständige Jagd nach Neuheiten, mit denen die Gärtnereien die wachsende Zahl der Garteninteressenten zum Kauf bewegen wollten, spielte dabei eine Rolle. Der urzeitliche Charakter der Farne passte zudem gut zum neu erwachten Interesse für Archäologie und Fossilien.

So wie das britische Weltreich immer größer und mächtiger wurde, wuchs auch die Faszination für exotische Pflanzen. Botaniker, die in den britischen Kolonien stationiert waren, schickten immer wieder neues Pflanzenmaterial in die Heimat. Als die Erfindung des Ward'schen Kastens (siehe S. 104–107) die Verluste durch die langen Transporte verringerte, stieg die Menge enorm an – auch die der Farne. Dank der neuen Wertschätzung für Farne wandelte sich auch der Blick auf die heimischen Arten. Sie wurden nun ebenfalls als besonders wertvolle Pflanzen angesehen.

AGLAOMORPHA MEYENIANA

Aglomorpha meyeniana ist ein epiphytischer Farn, der von den Philippinen stammt. Seine Blattform erinnert an eine Bärentatze. In den Farnhäusern im viktorianischen England war er ein beliebtes Gewächs.

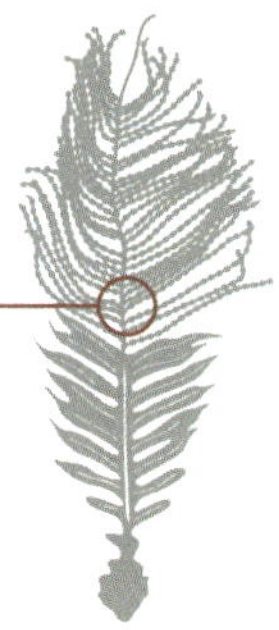

Die von britischen Botanikern entdeckten exotischen Farne entwickelten sich zu Modetrends. Nach und nach füllten diese Farne die Farnhäuser in ganz Großbritannien.

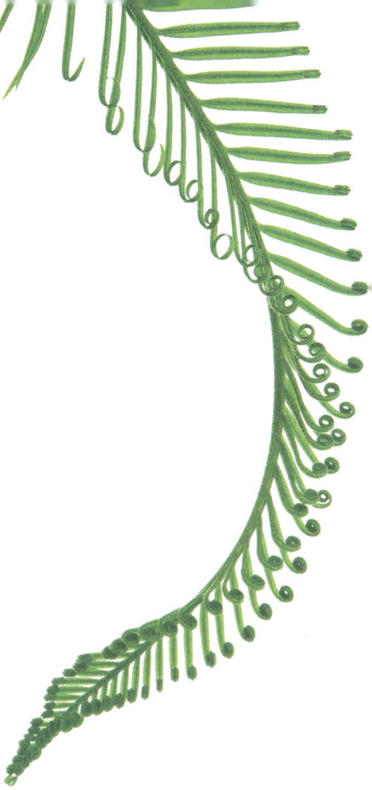

Das Sammeln exotischer Pflanzen begann bereits im 17. Jahrhundert. So sandte beispielsweise Sir Arthur Rawdon seinen Gärtnermeister James Harlow 1689 nach Jamaica, um Pflanzen für Rawdons Orangerie zu sammeln. Harlow kam mit 1000 Pflanzen zurück, darunter die ersten exotischen Farne, die dann in Irland gepflanzt wurden. Dennoch gab es in der ersten Hälfte des 18. Jahrhunderts nur wenige exotische Farne auf den britischen Inseln. Der Hauptgrund dafür war, dass es noch nicht gelang, die Farne zu vermehren. Ging ein Farn ein, wurde er durch einen neuen ersetzt, den man erst aus den Kolonien einführen musste. Das war schwierig, teuer und zeitaufwendig.

Links: *Blechnum brasiliense*

Rechts: *Athyrium filix-feminae* 'Victoriae' aus Osborne House, dem Palast von Königin Victoria auf der Isle of Wight.

Oben: *Woodwardia unigemmata*, ein wintergrüner Farn.
Rechts: Nathaniel Ward, der Erfinder des Ward'schen Kastens, spricht 1855 in der Apothecaries' Hall in London.
Ganz rechts: Trebah Garden in Cornwall.

Der große Durchbruch für die Kultivierung exotischer Farne gelang 1794, als der jamaikanische Chirurg John Lindsay eine zuverlässige Methode zur Vermehrung von Farnen mit Sporen entdeckte. Lindsay hielt die Sporen für Samen. Wie der Lebenszyklus von Farnen genau funktioniert, wurde erst 1848 entdeckt. Trotzdem führten Lindsays Erkenntnisse dazu, dass exotische Farne in botanischen wie privaten Gärten und Gewächshäusern überall auf den britischen Inseln angepflanzt wurden.

Ein anderer bedeutungsvoller Faktor für die steigende Popularität der Farne war, dass sich die Haltung zur Gartengestaltung änderte. Der Garten war nicht länger nur etwas für die oberste Gesellschaftsschicht, auch die schnell wachsende Mittelschicht und nach und nach sogar die Arbeiterklasse entwickelten ein Interesse am eigenen Garten. Neue technische und chemische Hilfsmittel sowie eine Flut von Gartenliteratur halfen diesen neuen Amateurgärtner:innen, die neuen Gartentrends auch zu Hause in den Städten oder Vororten mitzumachen. Die kleinen Gärten waren zwar oft dunkel und feucht, aber das machte die Farne noch beliebter – denn solang die Luft einigermaßen sauber war, fühlten sie sich dort wohl.

NATHANIEL BAGSHAW WARD UND DER WARD'SCHE KASTEN

Nathaniel Bagshaw Ward, ein englischer Arzt, praktizierte in der ersten Hälfte des 19. Jahrhunderts im ärmlichen East End in London. In seiner Freizeit war er mit Hingabe Botaniker und hatte als Gartenliebhaber großes Interesse an Farnen und ihrer Aufzucht. Wie er dazu kam, ist nicht bekannt, über sein Leben in jungen Jahren ist nicht viel überliefert. Als Junge lebte er auf Jamaica, möglicherweise legte dies den Grundstein für seine Leidenschaft für die Zucht exotischer Pflanzen und Farne.

Ein Problem für Ward und viele andere, die zu dieser Zeit versuchten, in den Städten ihre Gärten zu bepflanzen, war die Luft: Sie war so voller Smog, dass nichts wachsen wollte. Aus den Fabrikschornsteinen stiegen Schwefelgase auf und der saure Regen ließ die meisten Pflanzen absterben. Im Zuge der industriellen Revolution nahm der Kohleverbrauch in Großbritannien zu, wodurch der Smog immer dichter wurde.

Ward hatte seine Gartenträume schon fast aufgegeben, als er 1829 eine entscheidende Entdeckung machte. Später zeigte sich, dass sie nicht nur das Farnfieber in England ankurbelte, sondern auch für den Gartenbau in ganz Europa eine wichtige Rolle spielte. Seine Farnzucht hatte Ward eine Zeit lang aufgegeben, stattdessen widmete er sich den Schmetterlingen. Er legte etwas Moos und Erde auf den Boden eines Glasbehälters, setzte eine Schmetterlingsraupe darauf, die sich verpuppen sollte, und deckte alles mit einem dünnen Stoff ab. Eines Tages merkte Ward plötzlich einen Sämling – in der Erde musste sich ein Samen befunden haben, der im feuchten Moos aufgegangen war. Der Glasbehälter bildete ein eigenes Ökosystem, das nur selten Wasser benötigte. Von der Sonne erwärmt, stieg Wasserdampf auf, kondensierte und kam den Pflanzen wieder zu Gute. Die Luft darin war außerdem frei von Ruß und Verunreinigungen.

Warn, der vernarrt war in Farne, war entzückt über seine Entdeckung und fing sogleich an, in größerem Maßstab zu experimentieren. Er tauschte den Glasbehälter gegen einen Kasten mit Glasfenstern aus, den er von einem Schreiner aus besonders hartem Holz hatte anfertigen lassen, damit es nicht verrottete. Schnell stellte er fest, dass die Farne im Glaskasten sehr gut gediehen, während sie in seinem Garten eingingen.

Er kontaktierte George Loddiges, einen Botaniker, der ebenfalls eine Gärtnerei betrieb. Zwei Jahre später war es den beiden gelungen, 30 Farnarten auf diese Weise zu kultivieren. Der Kasten funktionierte auch im Haus gut, da er ein angenehmes Klima für die Farne schuf und ihnen gleichzeitig Schutz vor schädlichen Gasen gab, die unter anderem von den Kohle- und Gasöfen ausgingen. 1842 veröffentlichte Ward seine langjährigen Erfahrungen in dem Buch *On the Growth of Plants in Closely Glazed Cases*. Der Ward'sche Glaskasten war bald bei Züchtern und Botanikern weit verbreitet, doch in der breiten Öffentlichkeit blieb er zunächst unbekannt.

Im Jahr 1845 geschah etwas, das nicht nur Wards Karriere beschleunigte, sondern auch die Kultivierung unter Glas in den Fokus rückte. Die in England erhobene hohe Glassteuer wurde abgeschafft, was den Glaspreis halbierte und Glas zu einem leichter zugänglichen Material machte, sowohl für Bauwerke als auch für Gegenstände. Dem Wegfall dieser Glassteuer ist auch der Bau des berühmten Glashauses Crystal Palace von Joseph Paxton in London zu verdanken. Das Haus wurde für die große internationale Weltausstellung 1851 errichtet. In dem gigantischen Gewächshaus konnte man unter anderem auch eine Ausstellung mit Wards Glaskästen sehen, die sein Freund Edward Cooke, der Schwiegersohn von George Loddiges, in neuer Form geschaffen hatte. Loddiges Gärtnerei stellte selbstverständlich die Farne zur Verfügung, die in die Kästen gepflanzt wurden. Die gesamte Ausstellung war ein enormer Erfolg. Nun gal-

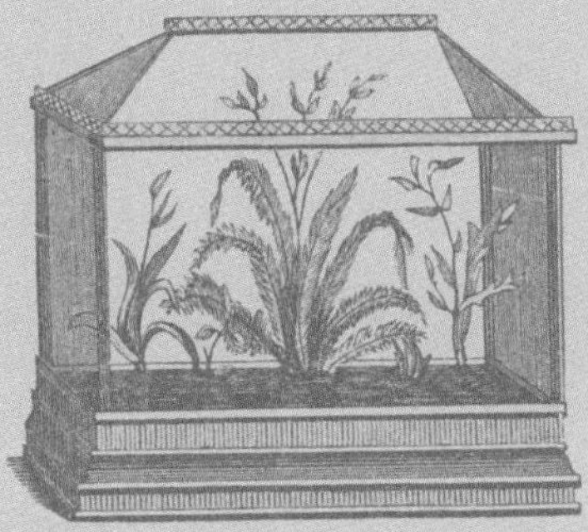

ten auch in der Öffentlichkeit Gewächshäuser aus Glas und die Ward'schen Kästen als letzter Schrei.

Wards Buch über das Kultivieren von Farnen in Glaskästen erschien 1852 in einer Neuausgabe, diesmal mit schönen Illustrationen des zuvor neu gestalteten Glaskastens. Auch Shirley Hibberd beschrieb ihn in seinem Buch *Rustic Dornement for Homes of Tastes.* Beide Bücher trugen dazu bei, dass der Ward'sche Kasten fast zu einem Muss in den Heimen der oberen Mittelklasse wurde, nicht nur in Großbritannien, sondern mittlerweile auch in den USA. Inzwischen war er in verschiedenen dekorativen Ausführungen erhältlich. Wer wirklich nach der neuesten Mode gehen wollte, wählte einen Kasten mit Griffen und Beschlägen aus Messing und stellte ihn auf ein Gestell aus feinstem Mahagoni. Das Glas der meisten Kästen wurde zudem mit kleinen Rillen versehen, damit das innen an der Scheibe kondensierte Wasser leicht in die Erde rinnen konnte.

Da George Loddiges zweiter Vorsitzender der *Horticultural Society* war, wurden noch mehr Leute auf den Ward'schen Kasten aufmerksam. Loddiges unterhielt zudem weltweit Filialen und importierte im großen Stil exotische Pflanzen aus den britischen Kolonien. In Zusammenarbeit mit Ward begann er nun, den Glaskasten für seine Pflanzentransporte zu testen. Die Transportwege waren lang und die Bedingungen mit wechselnden Temperaturen, Kälte, Dunkelheit, Salzwasser, Trockenheit oder allzu hoher Luftfeuchtigkeit setzten den Pflanzen zu. Meist überstand nur eine von 20 Pflanzen die Schiffsreise.

Als die Pflanzen aber in den Ward'schen Kästen unter geschützten, ausreichend feuchten und hellen Verhältnissen oben an Deck transportiert wurden, kamen stattdessen 19 von 20 Pflanzen wohlbehalten an. Später wurde der Kasten weiter modifiziert, damit er an Deck besser verankert werden konnte und auch hohem Wellengang standhielt. Zudem erhielt er Stahlverstärkungen, damit er Stößen an Bord besser widerstand. Fortan verwendeten Kew Gardens die Kästen für Bestellungen aus der ganzen Welt. Auch der Pflanzenjäger Joseph Dalton Hooker hatte sie auf seiner Expedition in die Antarktis dabei.

Der Ward'sche Kasten revolutionierte den Handel mit Pflanzen weltweit und wurde bis weit ins 20. Jahrhundert verwendet. Das Bild zeigt ein Exemplar in den Kew Gardens in den 1960er-Jahren.

Der Ward'sche Kasten war für den Transport von Heil- und Zierpflanzen aus allen Teilen der Welt von enormer Bedeutung. Es gibt nur wenige botanische Gärten auf der Welt, die nicht wenigstens eine Pflanze haben, die in diesem Kasten transportiert wurde. Der Kasten wurde immer weiter optimiert und bald waren sogar Varianten mit unterschiedlichen Heizsystemen oder als Aquarien auf dem Markt erhältlich.

Aber Ward musste auch Kritik einstecken. So schrieb ein Leser der Zeitschrift *The Chronicles*, ob denn gesichert sei, dass es den eingesperrten Pflanzen wirklich gut gehe und dass sie gesund seien. Tatsächlich hatten manche Menschen Schwierigkeiten, ihre Pflanzen im Glaskasten am Leben zu halten. Das hatte jedoch nichts mit der Konstruktion zu tun, sondern eher mit der allgemeinen Vorstellung, der Kasten würde sich selbst versorgen. Man glaubte, die Pflanzen bräuchten darin keinerlei Pflege, sondern würden sich bis in alle Ewigkeit ohne ein Zutun halten. Zwar versuchten Gärtner und Autoren von Gartenliteratur diesen Mythos zu widerlegen und informierten in verschiedenen Publikationen mehrfach darüber, dass es auch im Glaskasten einer gewissen Pflege bedurfte. Aber sie drangen damit nicht immer durch.

Die Gärtnerei Loddiges & Sons wurde in London führend bei der Kultivierung und Zucht neuer Farne unter Glas. Sie hatte auch die umfangreichsten Angebote von Farnarten und -sorten landesweit. Tragischerweise wurde das Unternehmen 1852 eingestellt, gerade als das große Farnfieber in Großbritannien ausbrach, und konnte somit nicht die Früchte seiner langen Arbeit ernten.

Wards Liebe zu den Farnen und seine bahnbrechende Erfindung trugen viel zum Farnfieber, aber auch zur Entwicklung des modernen Gartenbaus bei. Gartenliebhaber:innen haben Nathaniel Wards Leidenschaft daher viel zu verdanken.

Zur Zeit des Farnfiebers erschien eine Vielzahl oft reich illustrierter Bücher über das Sammeln und Züchten von Farnen – und über alles, was zum Farnfieber gehörte.

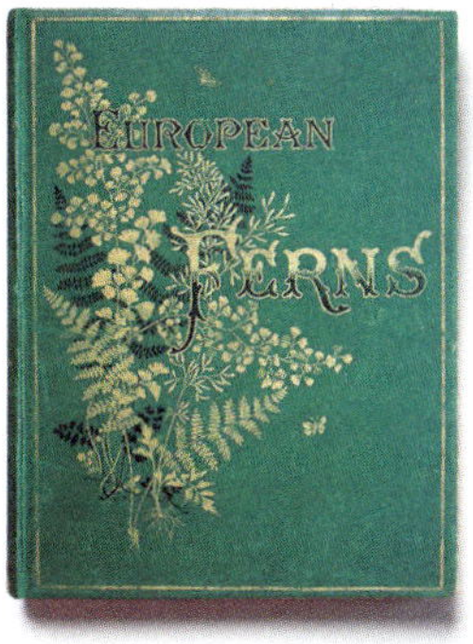

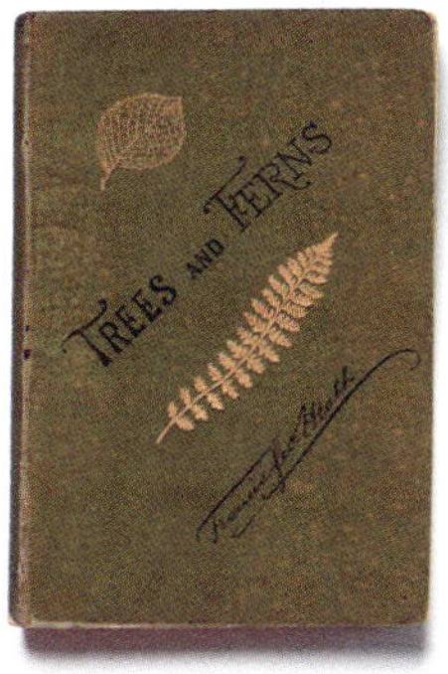

DAS SAMMELN VON FARNARTEN: VOM ZEITGEIST GEPRÄGT

«Das Wunderwerk der Schöpfung» zu studieren, galt als ein Weg, sich Gott zu nähern, und wurde zu einer Art nationaler Besessenheit. Auch die Kirche ermunterte dazu und einige der allerersten Schriften über das Sammeln von Farnen wurden von Priestern geschrieben.

Eine Fülle von Büchern kam heraus, in denen beschrieben wurde, wie man beim Sammeln vorgehen sollte und wie man bekannte Arten finden konnte. Neue Drucktechniken verbesserten die Illustrationen in den Büchern und detaillierte Bilder der Farne erleichterten es den begeisterten Sammlern, ihre Fundstücke nach Arten zu bestimmen.

Nachdem die heimischen Farne kartiert waren, stellte sich heraus, dass von den meisten Arten auch natürliche Varietäten existierten – und die Farnjäger:innen waren wiederum besessen davon, diese ebenfalls zu sammeln. Alles wurde in ständig neu erscheinenden Büchern veröffentlicht. Die Liste umfasste bald nahezu 2000 Arten und Sorten, von denen viele auch heute noch im Handel erhältlich sind.

Um die Feldarbeit draußen zu erleichtern, erfand man Hilfsmittel. Mit speziellen Farnspaten und langen Stöcken, an deren Spitze ein Spaten montiert war, versuchte man, an schwer erreichbare Raritäten zu gelangen. Die eingesammelten Schätze bewahrte man dann in Moos eingewickelt in einer Botanisiertrommel – einer tragbaren Blechkiste – oder in einem Korb auf.

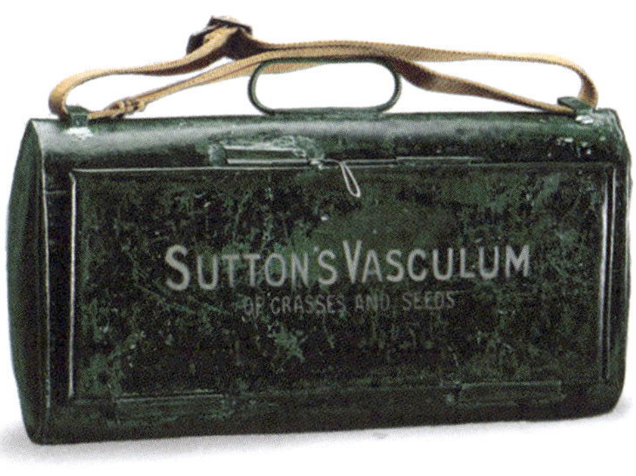

Botanisiertrommel von Suttons Seeds

Das Sammeln von Farnen war nicht ganz ohne Risiko. Eine junge Sammlerin namens Jane Myers wanderte eines Tages an einer Felsklippe in Schottland entlang, als sie plötzlich einen schönen Farn entdeckte, den sie unbedingt haben musste. Aber dieser Farn wuchs nahe der Felskante. Als die junge Miss Myers versuchte, den Farn auszugraben, brach ein Stück des Felsvorsprungs ab und sie stürzte 50 Meter hinab zum Strand. Drei Tage später erlag sie ihren schweren Verletzungen.

Die Farnsammel-Manie ging so weit, dass viele Arten allmählich vom Aussterben bedroht waren. Das wiederum beunruhigte die nationale Farngesellschaft, die Ende des 19. Jahrhunderts gegründet worden war. Die manische Jagd nach Farnen wurde zu einer Gefahr für die wild vorkommenden Exemplare und für das eine oder andere Menschenleben.

In den mit Farnen reich gesegneten Gebieten Englands wie Devon entwickelte sich das Sammeln von Farnen zu einem neuen Tourismuszweig. Die Leute reisten an, übernachteten in Pensionen und verbrachten ihre Tage mit dem Suchen von Farnen. Die Lokalbevölkerung verdiente sich etwas Geld, indem sie Führungen zu den Hot-Spots anbot und selbst Farnpflanzen sammelte, die sie auf den Märkten verkauften oder fliegenden Händlern anboten.

Eine junge Händlerin mit ihren Farnen auf dem Weg zum Markt. Im Korb trägt sie unter anderem einen Wurmfarn, in der Hand hält sie eine kleine Hirschzunge.

HIMALAJA-WURMFARN

DRYOPTERIS LEPIDOPODA

LICHT
halbschattig bis schattig

WASSER
feucht

BODEN
gedeiht auf den meisten Böden

Der Himalaja-Wurmfarn ist eine Bereicherung für schattige Beete. Die jungen Triebe sind bronzefarben bis dunkelrot, wenn sie sich im Frühling ausrollen. Während der Saison wechseln sie zu Gelb und Grün, was einen lebendigen, spannenden Kontrast bietet. Die Pflanze ist immergrün. Ursprünglich kommt der Farn aus dem Himalaja, dem westlichen und südwestlichen China und Taiwan.

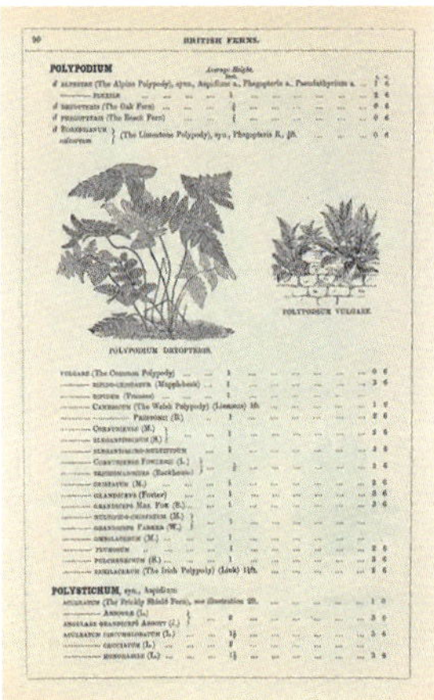

DIE GROSSE LEIDENSCHAFT DES ZÜCHTENS

Der passionierte, meist finanziell gut bemittelte, Farngärtner brauchte nun eine sogenannte «Fenery» für seine gesammelten und gekauften Farnpflanzen. Das konnte eine Stelle sein, die nur für die Farnsammlung reserviert war – ein Platz im Haus oder im Garten oder ein Gewächshaus speziell für die Bedürfnisse der Farne. Auch das Farn-Herbarium wurde als «Fenery» bezeichnet. Nützliche Tipps zur Pflege und Aufzucht der Farne fand man in zahlreichen Büchern zu dem Thema.

Ab den 1870er-Jahren bestand das Sortiment der meisten Gärtnereien größtenteils aus Farnen. Viele spezialisierten sich sogar ganz auf Farnpflanzen – es war das, was die Kunden haben wollten. Die neuen Transportmöglichkeiten, die die Eisenbahn bot, bedeuteten auch, dass Gärtnereien weit draußen auf dem Land betrieben werden konnten, wo sie größere Gewächshäuser aufbauen und mit Probepflanzungen experimentieren konnten. Der Gartenbetrieb James Veitch & Sons hatte beispielsweise 40 Gewächshäuser sowie einen riesigen Steingarten aus 1500 Tonnen Steinen, der mit Steingartengewächsen und Farnen bepflanzt war. Veitch war vor allem für seine Sorten des Braunen Streifenfarns berühmt, die er in einer großen, unterirdischen, verglasten Höhle kultivierte.

Die Gartenliebhaber:innen und Farnvernarrten suchten ständig nach neuen Arten und Sorten, während die Gärtnereien alles daransetzten, um die Bedürfnisse eines scheinbar nie zu sättigenden Marktes zu erfüllen. Eine Reihe britischer Gärtnereien begann auch damit, spannende Exemplare, die man in der Natur gefunden hatte, vegetativ zu vermehren und zu kreuzen. So kam eine Menge neuer interessanter Sorten hinzu. Manche sind noch immer im Handel erhältlich, so zum Beispiel die Frauenfarn-Sorte 'Victoriae', benannt nach der damaligen Königin Victoria. Diese Sorte wuchs auf ihrem Schloss Osborne House auf der Isle of Wight.

Aber die große Nachfrage hatte auch ihre Kehrseite. Unter dem Druck, ständig neue Sorten auf den Markt zu bringen, wurde nicht immer mit der nötigen Sorgfalt gezüchtet. So entstanden auch viele Farne, die anfällig für Krankheiten und nur wenig winterhart waren.

CYATHEA DEALBATA – EIN SILBRIGER BAUMFARN

Dieser besonders schöne Baumfarn mit silbrigen Blattunterseiten ist die Nationalpflanze Neuseelands und ein starkes Symbol für die Nation. Der Silberfarn schmückt unter anderem das Logo der neuseeländischen Fluggesellschaft, die Trikots der Rugby-Nationalmannschaft und sogar das Parteiabzeichen einer der größten politischen Parteien Neuseelands. Auch die militärischen Auszeichnungen des Inselstaates wurden früher mit diesem Farn gestaltet. Für die indigene Bevölkerung Neuseelands, die Maori, ist *Cyathea dealbata* ein wichtiges Symbol. Als «Koru» wird der sich entrollende Trieb des Silberfarns bezeichnet. Die stilisierte Form symbolisiert für die Maori neues Leben, Kraft und Frieden sowie den ewigen Kreislauf des Lebens.

Eine weitere große Versandgärtnerei dieser Zeit befand sich in Todmorden, Lancashire, und gehörte Abraham Stanfield. Er spezialisierte sich immer mehr auf Farne. 1882 gab er einen Katalog heraus, der ausschließlich Farne enthielt. Allein diese Liste umfasste 1225 Arten und Sorten. Die Brüder William und John Birkenhead brachten es 1886 sogar auf 2000 Arten und Sorten. Damit lagen sie an der Spitze der großen Züchter und exportierten auch ins Ausland. Die Brüder hielten Vorlesungen und gaben Kurse für den Anbau und die Züchtung von Farnen. 1892 veröffentlichte John Birkenhead sein Buch *Ferns and fern culture.*

Farnhaus in Ascog Hall

FARNHÄUSER

Viele Gutbetuchten frönten ihrer Farnleidenschaft, indem sie Farne unter Glas züchteten. Auf den großen Gütern wurden gewaltige Treibhäuser angelegt, in denen sich die Farne oft – wenngleich nicht immer – den Platz mit anderen exotischen Gewächsen wie Palmen und Orchideen teilten. Doch trotz der vielfach importieren exotischen Farne und der eingebauten Heizungen fiel die Auswahl größtenteils auf winterharte Farne. Man pflanzte die Farne am Rand großer Teiche, in steinige Partien oder in Grotten, die eigens in den Treibhäusern angelegt wurden. Häufig wurde auch ein Balkon eingebaut, von dem aus man die Farne von oben betrachten konnte. Ziel war es, die Umgebung im Treibhaus so genau wie möglich den natürlichen Standorten der Farne nachzuempfinden. Die Sockel und Fundamente lagen raffiniert hinter Pflanzen und Steinen verborgen.

Manche Farnhäuser waren rechteckig, ähnlich wie ein traditionelles Treibhaus, doch viele Autoren rieten zu einem Gebäude in L-Form oder einer anderen unregelmäßigen Form. Dies sollte das Besuchserlebnis spannender machen, denn wenn man durch das Farnhaus spazierte, konnte man so nicht alles auf einmal überblicken. Ein Weg aus Steinplatten oder mit Mosaiksteinen schlängelte sich zwischen den Farnen hindurch, die zwischen verschiedenen Felsformationen entlang der Wände wuchsen. Im Zentrum des Hauses befand sich oft eine größere Steinkonstruktion – in den aufwendigeren Häusern der großen Güter handelte es sich dabei sogar häufig um ein Gewölbe oder ein ruinenähnliches Gebilde. Darin fanden sich manchmal Grotten oder Alkoven, kleine Wege führten tief unter die Erde oder eine versteckte Treppe führte hinauf zu einem Balkon.

Im perfekten Farnhaus war Wasser ein grundlegendes Element, häufig in Form eines kleinen Wasserfalls an einer der Schmalseiten. Das Wasser lief dann weiter in verschiedene Teiche und wurde in kleinen Bächen durch die Beete geleitet. Das Geräusch von Wasser war Bestandteil des Designs; neben dem Wasserfall und den Teichen wurden hier und dort auch kleine Brunnen mit plätscherndem Wasser platziert.

Um mehr Spannung zu erzeugen, führten gewundene Wege unter dem lichten Blattwerk der Baumfarne durch die Farnhäuser.

Zwar dienten all diese Wasser- und Steinelemente vor allem der Ästhetik, aber sie trugen auch dazu bei, ein gutes und abwechslungsreiches Aufzuchtklima zu schaffen und ermöglichten es, verschiedene Farntypen in einem Haus zu pflanzen. So konnten die stolzen Besitzer auf elegante Art und Weise ihre großen Sammlungen präsentieren, was natürlich eine der treibenden Kräfte hinter dem Sammeleifer war.

Bereits zwischen 1840 und 1850 kam *Dicksonia*, eine Gattung der Baumfarne, als exotische Gewächse für die großen Farnhäuser auf. Eines der eindrucksvollsten Exemplare findet sich im Farnhaus in Tatton Park, das eigens für eine *Dicksonia*-Sammlung gebaut wurde. Das Haus entwarf Joseph Paxton – der auch die Pläne für den Crystal Palace in London entwickelte. Um 1860 begann man, mit der am meisten winterfesten Art der Baumfarne im Freiland zu experimentieren – *Dicksonia antarctica*. Die Idee dahinter war, subtropische Gärten anzulegen, die den großen Farnwäldern der Urzeit ähnelten.

Plätscherndes Wasser machte die Atmosphäre im Farnhaus für Menschen und Farne behaglich.

Der gigantische Crystal Palace in London wurde für die Große Weltausstellung von 1851 nach dem Entwurf von Joseph Paxton gebaut. Bald darauf wurden auf vielen Herrensitzen und Gutshöfen überall in Großbritannien solche Glashäuser errichtet.

Aber das Farnfieber grassierte nicht nur in der Oberklasse, wenngleich deren Farnhäuser und besonders die Gärten am auffälligsten davon zeugen. Auch in den besser gestellten Häusern der Mittelklasse wurden die Farne unglaublich populär. Man pflanzte sie in Ward'sche Kästen, die inzwischen in allen Stilrichtungen von der Gotik bis zum Neoklassizismus erhältlich waren. Die Glaskästen wurden mit einer Miniaturlandschaft aus Zweigen, Steinen und Moos ausgestattet, in die man dann die Farne pflanzte. Häufig wurden sie geheizt, damit die empfindlicheren Farne ein wohltemperiertes Heim fanden.

Oben: Das Farnhaus in Tatton Park
Unten: Temperate House, Kew Gardens

Die Farne der Gattung *Asplenium* gedeihen gut im kargen Steingarten – solang es dort ausreichend feucht ist. In britischen Steingärten findet man häufig Hirschzungen, die direkt aus Felsspalten oder auf Mauern wachsen.

ASPLENIUM SCOLOPENDRIUM
HIRSCHZUNGE

STEINGÄRTEN

Der Steingarten war eine viktorianische Erfindung und hier war Extravaganz erlaubt! Das Ziel war es, ein idealisiertes Landschaftsbild möglichst großflächig nachzubilden. Der Trend begann in der oberen Gesellschaft, denn diese Gärten waren teuer. Da sie groß und eindrucksvoll aussehen sollten, brauchte man zudem entsprechende Flächen.

Steingärten wurden draußen im Freien und in Treibhäusern angelegt, aber aufgrund der schlechten Luft durch Industrieabgase bevorzugten viele das Treibhaus – was zu dieser Zeit ohnehin en vogue war. Aber auch die Stein- und Farngärten, die im Freien angelegt wurden, waren populär. Idealerweise lagen sie ein Stück vom Haus entfernt, gut geschützt und am besten in einer Senke. Geschwungene Gehwege führten zu einem Sitzplatz oder einem kleinen Gartenhaus. Wünschenswert war auch, dass ein Bach durch den Steingarten floss, der mit überstehenden Steinen eingefasst war und von einer rustikalen Steinbrücke gekreuzt wurde.

LAND DER ELFEN

Die malerischen Gärten des 18. Jahrhunderts waren Traumlandschaften, in denen die Gartenbesucher ihre Gedanken und Phantasien frei schweifen lassen konnten. Auch im 19. Jahrhundert behielten die Gartenbaumeister diese Tradition bei und schufen Farngärten mit einem Hauch Mystik und Magie. Viele Menschen interessierten sich zu dieser Zeit für Elfen. Als Naturwesen sah man sie in Verbindung mit Bäumen, Pflanzen und Wasser. Schilderungen aus der Welt der Elfen kamen häufig in Kunst, Theater, Musik, Tanz und in den Gärten vor.

Daher ist es vielleicht nicht verwunderlich, dass die Farngärten mit ihren bemoosten Steinen, den Teichen und kleinen Wasserfällen als das real gewordene Reich der Elfen empfunden wurden. Zwischen Farnen und Elfen sah man eine besondere Verbindung. Man stellte sich gern vor, dass gewisse Elfen über den Farnjäger:innen wachten. Gut gesinnte Elfen führten die Jäger:innen zu neuen, spannenden Arten, während böse Elfen sie zu gefährlichen Plätzen lockten oder ihr Jagdglück zunichtemachten – es galt also, sich mit den Elfen gut zu stellen.

Die Cousinen Elsie Wright und Frances Griffiths nahmen um 1910 eine Serie von Fotografien mit tanzenden Elfen in der Nähe von Cottingley in England auf. Arthur Conan Doyle, Schriftsteller und Erfinder der literarischen Sherlock-Holmes-Figur, untersuchte diese Fotografien – und erklärte sie für echt. Sie galten somit als Beweis für die Existenz von Elfen. Später entpuppten sie sich als Fälschungen.

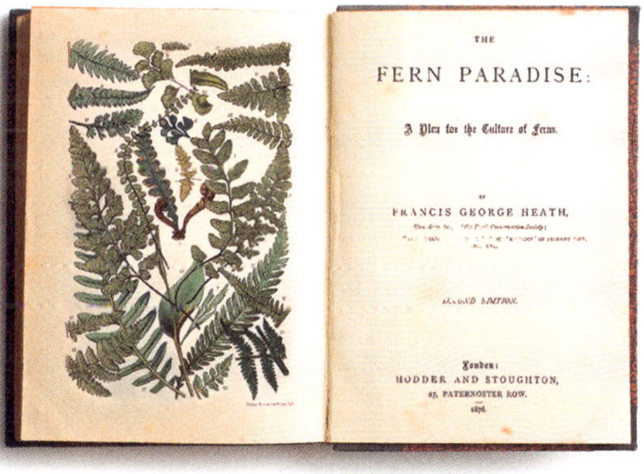

PORTRÄT – FRANCIS GEORGE HEATH

Francis George Heath (1843–1913) war ein britischer Schriftsteller und Redakteur. Er schrieb etliche Bücher über Garten und Landwirtschaft und wie diese am besten zur Gesellschaft beitragen könnten. In besserer Erinnerung ist er jedoch für seine Studien über die wilden Farne. Die fantastischen Schaubilder, die er von Farnen anfertigte, waren Ausdruck seiner großen Farnleidenschaft. Heath machte sich stark für das Sammeln wilder Farne. Häufig riet er, mit dem Spaten hinaus in die Natur zu ziehen und die Farne samt Wurzeln auszugraben. Er schwärmte: «Eine reizvolle Beschäftigung, der man das ganze Jahr über nachgehen kann.»

1885 veröffentlichte Francis Heath das Buch *Where to find ferns*, herausgegeben von *The Society for Promoting Christian Knowledge* – hier zeigt sich der Einfluss der Kirche auf die Natur- und Farnstudien und damit auf das damalige Farnfieber. Eifrig verbreitete Heath das Interesse an Farnen, und machte sich damit mitschuldig daran, dass manche heimische Farnarten im England des 19. Jahrhunderts nahezu ausgerottet wurden.

Außerdem veröffentlichte er im selben Jahr 15 Porträts der typischen heimischen Farnarten. Die wunderschönen Bilder zeigen realistische Abbildungen des Farnblattes in Originalgröße zusammen mit detaillierten Beschreibungen der Arten.

PULHAMIT UND KÜNSTLICHE STEINGÄRTEN

Führend bei der Anlage von Steingärten war ab 1860 eine Firma namens James Pulham & Son. Wie ihr Katalog von 1871 verrät, führte sie alle Arbeiten von der Gartenanlage, über Wasserfälle, Grotten und Steinhäuser aus. Die Firma war besonders stolz darauf, mit lokalen Steinen zu arbeiten, wann immer dies möglich war. Aber oft waren diese zu teuer oder zu schwer und so schuf man ein künstliches Steinprodukt: Ein Kern aus Ziegel oder Klinker wurde mit der hauseigenen Zementmischung umhüllt, die «Pulhamit» genannt wurde und eingefärbt wie echter Stein wirkte.

Die künstlichen Steinblöcke wurden aufeinandergestapelt, um ein altes, erodiertes Steinbett mit kleinen Hohlräumen, Überhängen und verschiedenen Verschiebungen zwischen den Steinen zu imitieren. Dies war nicht nur ein Vergnügen für die Ästheten – die vielen kleinen Nischen konnten mit Erde gefüllt werden und boten dann schöne Pflanzstellen und eine gute Drainage. Alles wurde soweit wie möglich der Natur nachempfunden.

Neben Pulhams patentiertem Pulhamit gab es eine Fülle weiterer Produkte auf dem Markt, die mit steigendem Farnfieber noch zunahm. Qualitativ gab es dabei jedoch große Unterschiede. Bald wurden in der Gartenwelt kritische Stimmen laut, die die gesamte Stilart durch diese «Schummelbauten» zerstört sahen. Einer der größten Kritiker war der Gutsbesitzer Shirley Hibberd. Er beklagte sich laut darüber, dass Menschen mit schlechtem Geschmack Steine, Kunststeine und Schneckenhäuser zu einem geschmacklosen Mischmasch verbauten.

Manche Besserwisser meinten auch, dass Steingärten nicht in kleinere Gärten gehörten. Dort sei der Maßstab nicht groß genug und

DER GARTENZWERG

Selbst die Gartenzwerge haben eine Verbindung zu den Farngärten. Charles Isham führte sie 1840 auf seinem Anwesen Lamport Hall in Northampton in England ein. Nachdem er seinen Steingarten angelegt hatte, stellte er eine Schar deutscher Gartenzwerge auf. Der letzte verbliebene Zwerg aus Lamport erhielt den Kosenamen «Lampy» und ist mit einer Million Pfund versichert.

Die vielleicht schönste und beeindruckendste Anlage mit Pulhamit ist im großen Farnhaus in Dewstow Gardens in Wales zu sehen. Hier finden sich mit Steinen eingefasste Teiche, Tunnel und große unterirdische Grotten – alles mit Pulhamit hergestellt und angelegt.

wenn man sich nur einen kleineren Garten leisten könne, müsse man vermutlich mit den künstlichen Steinen vorliebnehmen. Der Garten-Schriftsteller W. J. May hätte kaum deutlicher werden können, als er zu dem Thema folgendes schrieb:

«Die hässlichen Abscheulichkeiten großer Steinflächen, deren Hauptbestandteile als Schutt aus der Ziegelei stammen, sollten in einem anständigen Garten nicht erlaubt sein, da sie normalerweise einen schönen Ort in ein Ziegellager verwandeln. Stein wird sehr selten verwendet und wenn, dann nur für einen Müllplatz. Große Steinflächen sind in kleinen Gärten völlig fehl am Platz und sollten nie erlaubt sein.»

STUMPFGÄRTEN

Eine ähnliche Urzeitatmosphäre wie die subtropischen Pflanzungen mit *Dicksonia antarctica* in den zahlreichen Farnhäusern Englands strahlte ein anderer Gartentyp aus: der Stumpf- oder Totholzgarten (Englisch «stumpery», von «stump» für Baumstumpf). Während man in den Steingärten einen Platz für die sonnenliebenden und Trockenheit vertragenden Farne schuf, waren die Stumpfgärten für die Waldfarne, die Schatten und Feuchtigkeit brauchen. Wer es sich leisten konnte, besaß einen Steingarten, einen Stumpfgarten und ein Farnhaus, um so viele Farnarten wie möglich anpflanzen zu können.

Für den Stumpfgarten stellte man abgestorbene Baumstümpfe umgedreht auf, sodass die Wurzeln in die Luft ragten. Dann füllte man die Zwischenräume mit Zweigen und Ästen. In diese Mischung aus Zweigen, Ästen und Baumstümpfen pflanzte man in erster Linie Farne, aber auch andere geeignete Schattengewächse wie Christrosen und Funkien. Typischerweise stand auch ein kleines Holzhaus im Stumpfgarten, das sich harmonisch in seine Umgebung einfügte. Mit Moos auf dem Dach sah es noch uriger aus.

Shirley Hibberd schrieb scherzhaft, dass der Stumpfgarten perfekt für denjenigen sei, der der Farnzucht bald überdrüssig werde; dann könnte er wenigstens das Holz als Brennholz nutzen und schon seien die Kosten gedeckt.

Einer der ältesten und am besten erhaltenen Baumstumpfgärten in England befindet sich in Biddulph Grange in Staffordshire.

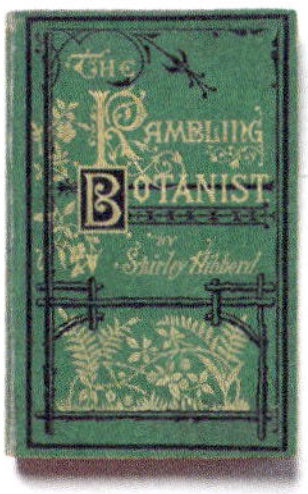

PORTRÄT – SHIRLEY HIBBERD

Shirley Hibberd (1825–1890) war ein britischer Schriftsteller, Gartenautor und Redakteur von drei Gartenzeitschriften, darunter der Wochenzeitschrift *Amateur Gardening*, die als einzige Gartenzeitschrift aus dem 19. Jahrhundert heute noch existiert. Er schrieb über alles Mögliche – vom Anlegen von Pflanzbeeten bis zum Schneiden und Veredeln von Obstbäumen – und vermittelte damit Kenntnisse, die bis dahin nur professionellen Gärtnern vorbehalten waren. Dadurch trug er dazu bei, dass das Gärtnern nach und nach eine beliebte Beschäftigung für alle wurde.

Hibberd war ein unermüdlicher Lehrmeister des gärtnerischen Handwerks. Er wollte allen Menschen Kenntnisse über den Gartenbau vermitteln, unabhängig davon, wie groß der eigene Garten war. Dabei geriet er sogar in einen offenen Konflikt mit der *Royal Horticultural Society*, denn er fand, man sollte auch Laien und Menschen der unteren Gesellschaftsschichten in diese Gesellschaft aufnehmen.

Hibberd schuf eine große Anzahl an staatlichen Gärten und Parks, um Menschen die Möglichkeit zu geben, mit der Natur und Gärten in Kontakt zu kommen. Seine Bücher und Artikel inspirierten die Mittel- und Arbeiterklasse, auch selbst kleinere Gärten hinter ihren Wohnhäusern anzulegen. Wie die meisten Gartenliebhaber:innen in Großbritannien zu dieser Zeit war auch er ein großer Farnenthusiast. Sein Bestreben, das Interesse für Gartenbau an alle weiterzugeben, erstreckte sich auch auf Farne, was wiederum stark dazu beitrug, dass das Farnfieber sich in der gesamten Gesellschaft verbreitete. Hibberd war auch ein Fürsprecher des Ward'schen Kastens und schrieb engagiert über dessen Vorzüge beim Anpflanzen von Farnen im Haus.

Darüber hinaus war Hibberd auch ein Pionier für ökologischen und nachhaltigen Anbau und Lebensstil. Er war der Meinung, dass der Mensch in Harmonie mit der Natur leben müsse, und sorgte sich sehr über die Kohlekraftwerke und den Aufschwung der industriellen Revolution. Er war ein Vorkämpfer für die Rechte von Tieren und entdeckte früh, wie bedeutungsvoll Bienen für die Bestäubung und damit auch für einen erfolgreichen Anbau sind. In seinen Texten zur Bienenhaltung findet man viele Vorschläge für neue Formen von Bienenkörben, die das Risiko des Ausschwärmens verringerten und die Honigproduktion erhöhten – Gedanken und Ideen, die bis heute Bestand haben. Er befürwortete auch Vegetarismus und eine Wiederaufbereitung von Wasser.

Leider sind nur wenige seiner Gärten erhalten, aber den kleinen Park Islington Green von 1865 kann man in London noch immer besuchen. Seine Bücher sind heute schwer erhältlich, aber einige wurden für die *Cambridge Library Collection* neu aufgelegt, andere wiederum sind auf *Open Archive* und *Projekt Gutenberg* einsehbar.

Kleinere Farnsammlungen arrangierte man in Glashäuschen, die man auf einem Tisch ausstellte.

DER FARN – BESTER FREUND DER FRAUEN

Im Jahr 1736 veröffentlichte Carl von Linné seine Klassifizierung des Pflanzenreichs, *Systema Naturae*. Es war ein Ereignis, das die botanische Welt in Aufruhr versetzte. Linné war überzeugt, dass es für alle Lebewesen eine natürliche Ordnung gibt, und wenn der Mensch diese richtig verstand, dann würde er auch die Ordnung Gottes verstehen. Obwohl Linné ein gottesfürchtiger Mann war, stieß das neue Klassifizierungssystem auf harten Widerstand. Kritische Stimmen erklärten, dass dieser neue Einfall nicht mit der Lehre Gottes in Einklang stehe, sondern blasphemisch sei.

Anlass zu dieser Kontroverse war Sex! Linnés System baut fast ausschließlich auf der Anzahl und Anordnung der reproduktiven Organe auf. Die Feldbotaniker waren daher gezwungen, durch ihre Lupe auf die «intimeren» Teile der Pflanzen zu blicken, um ihre Art zu bestimmen. Und als ob das noch nicht genug wäre, besaß die Mehrzahl von Pflanzengruppen in Linnés System mehrere männliche oder sowohl weibliche und auch männliche Organe. Skandalös! Außerdem zog Linné oft Vergleiche mit der sexuellen Vereinigung des Menschen, wenn er die Pflanzen und ihre Vermehrung beschrieb. Dagegen erhoben sowohl die Kirche als auch die wissenschaftliche Elite starke Einwände – solche Aussagen sollten nicht an empfindsame Ohren gelangen.

Links: *Gathering Ferns* von H. Paterson. The Illustrated London News, 1871.
Rechts: *Fern collecting*. Aus: *The Fern-Gatherers*, 1880.

Bei der Jagd nach Farnen in der Natur ging es nicht nur um die Pflanzen. Junge Menschen fanden dabei auch die Gelegenheit, sich ungezwungener zu treffen, als es zu Hause möglich war.

Farne fühlten sich auch in den dunkelsten Ecken zwischen Samt und Pendeluhr wohl, was sie zu idealen Zimmerpflanzen machte.

Dennoch verbreitete sich Linnés Klassifizierungssystem schnell in der Welt und bereits Anfang des 19. Jahrhunderts verwendete die wissenschaftliche Gesellschaft weltweit sein System zur Bestimmung der Arten.

Für die an Botanik interessierten Frauen stellte es damals ein echtes Problem dar – insbesondere in der prüden, viktorianischen Gesellschaft. In einer Welt, in der es für eine Frau bereits als anstößig galt, das kleinste Stückchen Haut zu zeigen, war es natürlich völlig undenkbar für sie, die Pflanzen nach Linnés System zu studieren. Dies wurde fast als pornographisch und damit ganz und gar unmöglich angesehen. Das ging so weit, dass Frauen keinen Zutritt zu den Orchideenhäusern erhielten, die in der ersten Hälfte des 19. Jahrhunderts so populär waren. Nicht nur, dass bei Orchideen die Geschlechtsorgane sichtbar sind, auch der

Geruch der Blüten wurde als zu stark für die zarten und schwachen Sinne der Frauen angesehen.

So wurden die Farne zur Rettung für die an Botanik interessierten Frauen in Großbritannien und im Rest der Welt. Als Linné die Einteilung seiner Pflanzen vornahm, entdeckte er, dass bestimmte Gattungen gar keine sichtbaren Sexualorgane besaßen und keine Vermehrung erkennbar war. Kurzerhand fasste er sie einfach zur Gruppe der Kryptogamen zusammen, zu der Pilze, Moose, Algen, Flechten und eben Farne gehören.

Die Farne wurden damit sichere Studienobjekte für Frauen: keine sichtbaren Geschlechtsorgane und eine Verbreitung mittels Sporen. An einem Gewächs, das sein Liebesleben so bewundernswert verborgen hielt, konnten die Väter oder Ehemänner wohl kaum Kritik üben. Das Sammeln, Studieren und Pflegen von Farnen wurden daher zu einer für Frauen als geeignet angesehenen Beschäftigung.

War das Studium von Pflanzen bis dahin fast ausschließlich eine Männerdomäne, verschafften sich Frauen nun langsam aber sicher Zutritt zur botanischen Forscherwelt. Das Farnfieber brachte viele Bücher von Frauen für Frauen hervor, die das Sammeln interessanter Arten in der Natur und die Pflege zu Hause zum Thema hatten. So kamen auch Frauen, die im beschaulichen Heim blieben, mit Farnen in Kontakt, denn zu den traditionellen Hausarbeiten gehörte auch das Schmücken der Zimmer mit Topfpflanzen. Farne ließen sich in hübschen Kombinationen, in kleineren Töpfen und in Sträußen arrangieren und wurden die Pflanze Nummer eins der Frauen.

Gleichzeitig wurden Wintergärten, sogenannte *conservatories*, außerordentlich beliebt. In gut situierten Familien war es nicht unüblich, dass der Herr des Hauses einen Wintergarten mit Farnen für seine liebe Gattin anlegen ließ. Dort führte sie die körperlich leichten Tätigkeiten aus, während angestellte Gärtner die gröberen Arbeiten verrichteten.

Auch in einfacheren Häusern hielt man sich Farne als Zimmerpflanzen auf der Fensterbank und oft genug verbarg die Fülle mancher Farne die triste Aussicht in den Städten. Ratschläge dazu fand man in den vielfältigen Zeitschriften.

Frauen legten oft Herbarien mit seltenen Farnarten an. Diese getrockneten Exemplare stammen von Mrs. Phoebe Jaffreys, die ihre Farne um 1870 in Darjeeling sammelte.

ZIMMERGÄRTEN

Im Viktorianischen Zeitalter liebten die Menschen es, ihr Heim mit Blumen und Pflanzen aller Art zu dekorieren. Der Zimmergarten konnte ganz unterschiedlich aussehen, von einer einfachen Ansammlung von Töpfen auf der Fensterbank bis hin zu spektakulären Blumenarrangements, die ganze Räume einnahmen. Die populären Farne wurden meist in die wohlbekannten Ward'schen Kästen gepflanzt. Es gab sie in vielen Ausführungen: üppig für das große Haus und bescheidener für kleinere Verhältnisse. Auch in verschiedenen historischen Stilen waren die Glaskästen erhältlich, damit sie zur übrigen Einrichtung passten. Mit Zweigen, Steinen und Moos wurde eine Miniaturlandschaft gestaltet, in die man dann die Farne setzte. Die Kästen konnten beheizt werden, damit es empfindlicheren Farnen gut behagte. Für ihre Pflege war die Frau des Hauses zuständig.

Besonders beliebt waren eigens entworfene Blumentische, große Pflanzkessel aus Eisen oder Messing und edle Blumenbrunnen in neoklassizistischem Stil – sofern man sich das leisten konnte. Die Farne wurden dabei um das Bassin herum gepflanzt, das Ensemble platzierte man dann mitten im Raum oder an einem Fenster. Gartenbücher und -zeitschriften lieferten Beschreibungen, wie man diese Springbrunnen,

Blumentische, andere Kleinmöbel und das ganze Zubehör selbst herstellen konnte.

Der Zimmergarten konnte wirklich raffiniert sein, mit einer Vielzahl von verschiedenen Pflanzen in großen Pflanzgefäßen, die so stilvoll wie möglich miteinander kombiniert wurden. Die Gäste, die zwischen den ausgestellten Pflanzen umherspazierten, sollten das Gefühl haben, in einem echten Garten zu sein.

Auch öffentliche Einrichtungen wie bessere Hotels, Theater, Konzert- und Kunsthallen übernahmen diesen Trend und verlegten ihre Veranstaltungen teils sogar in einen solchen Garten. Und je gediegener der Farngarten daherkam, desto höheren Status verlieh er dem Eigentümer. Oft wurden professionelle Gärtnermeister angestellt, um diese öffentlichen Zimmergärten anzulegen und zu pflegen. Bei Bällen oder größeren Veranstaltungen ließ man sich nicht lumpen und füllte den Festsaal mit Farnen.

Die Zimmergärten der oberen Zehntausend waren üppig und luxuriös, aber auch in den finstersten Arbeiterwohnungen in London hielt man sich Farne. Sie benötigen nicht so viel Licht und waren daher ein dankbares Gewächs für dunkle Zimmer. Es entstand ein neues Bewusstsein für den gesundheitlichen Nutzen von Pflanzen für den Industriearbeiter und seine Familie und so verbreiteten sich Wissen und Tipps, wie man mit einfachen Mitteln einen kleinen Zimmergarten anlegen konnte. Meist standen die Farne in einfachen Tontöpfen auf der Fensterbank oder auf kleinen Tischchen im Raum, aber die Kreativeren schufen auch hier Arrangements in ungewöhnlichen und hübschen Pflanzgefäßen wie umfunktionierten Truhen, Koffern und Holzkisten – das Upcycling der damaligen Zeit!

Links: Die Pflege der kleinen Farnglaskuppeln war die Aufgabe der jungen Damen. Illustration von Bow Bells, 1871.
Rechts: Annonce für Radclyffe & Co.

FARNE IN ÖFFENTLICHEN GÄRTEN

Die botanischen Gärten trugen viel zur Popularität der Farne und zum Farnfieber bei. Die größte Sammlung hatten die Kew Gardens in London, dank ihres Kurators John Smith. Als er 1841 seine Anstellung antrat, hatte der botanische Garten eine Sammlung von insgesamt 40 exotischen Farnen. Als er 1864 seinen Dienst beendete, war sie auf über 1000 Arten angewachsen. Kew Gardens setzte die Arbeit von John Smith fort, sammelte weiter und 1887 umfasste die Sammlung 5000 Farne.

Doch die botanischen Gärten sammelten nicht nur Farne, sie waren auch bahnbrechend mit fantasievollen, kunstvollen Arten zu pflanzen. Das *Tropical Ravine House* im botanischen Garten in Belfast wird als das zur damaligen Zeit beste, kunstvollste Farnhaus beschrieben. Von einer Anhöhe aus konnten die Besucher auf den üppigen Wald aus exotischen Farnen in einer tiefer gelegenen, felsigen Schlucht hinunterblicken. Diese phantasievollen neuen Arten der Bepflanzung inspirierten die Oberschicht und ihre Gartenbaumeister bei der Anlage der Farngärten der großen Herrenhäuser.

In erster Linie aber boten diese Häuser die Möglichkeit, die Gartenkunst für die Allgemeinheit zugänglich zu machen. Den botanischen Gärten war es damals wichtig, ein Ambiente zur Erholung und zur Bildung der Allgemeinheit anzubieten – nicht nur für wenige Auserwählte. Da Farnhäuser in den meisten botanischen Gärten zu finden waren, schürten sie das Interesse an Farnen in der Öffentlichkeit.

Auch in den Kurbädern und touristischen Orten überall im Land fing man nun an, öffentliche Farnhäuser zu errichten. Zwischen 1870 und 1914 wurden in Großbritannien über 200 davon gebaut. Häufig hatten sie einen orientalischen Bau- und Einrichtungsstil und waren gefüllt mit exotischen Pflanzen wie Farnen und anderen seltenen Gewächsen, häufig standen auch Palmen darin. Man tat alles, damit sich die Besucher so weit wie möglich von ihrem Alltag entfernt fühlten.

Das Farnfieber verbreitete sich schließlich auch in der Welt der Psychiatrie. Nathaniel Ward, der ja ursprünglich Arzt war, befand, dass Farne auf Krankenhauskorridoren beruhigend und heilend auf die Patienten wirkten. Im Bethlem Royal Hospital montierte man daraufhin Blumenkästen mit kleinen Farngärten auf die Fenstersimse der Patientenzimmer. Diese schienen nicht nur zur Gesundheit der Insassen beizutragen, sondern sie auch an der Flucht zu hindern.

Links: Das Temperate House, Kew Gardens
Oben: Farnhaus in West Dean Gardens

Oben links: Ascog Hall
Rechts: Biddulph Grange

DIE LETZTE PHASE

Um die Jahrhundertwende hatte das Farnfieber in Großbritannien seinen Zenit überschritten, aber die Liebe zu den Farnen und damit der Verkauf von Pflanzen und Zubehör blühte weiter. Auch das manische, zuweilen gar kriminelle Sammeln setzte sich fort, wenn auch in geringerem Ausmaß. 1904 wurden drei Personen zu Gefängnisstrafen verurteilt, nachdem sie ungewöhnliche Farne aus dem Garten eines Herrenhauses in Devon gestohlen hatten.

Viele der großen Pflanzen-Versandhändler existierten nicht mehr, aber andere Züchter setzten die Arbeit fort und schufen immer neue Sorten, was das Interesse der Allgemeinheit am Leben hielt. Die Flut an Literatur erreichte weiterhin eine Bevölkerung, deren Interesse an Far-

nen nie zu versiegen schien. Ein Grund dafür war, dass Farne gut in die japanisch inspirierten Gartenanlagen passten, die zu Beginn des 20. Jahrhunderts immer beliebter wurden. Auch der Steingarten-Trend hielt bis in die 1920er-Jahre an. Allerdings rückte nun der Alpengarten in den Mittelpunkt des Interesses, in dem die Farne weiterhin eine Nebenrolle spielen durften.

Erst mit dem Ersten Weltkrieg ging die Epoche der Farnleidenschaft zu Ende. Die Gärtner wurden zum Kriegsdienst eingezogen und die großen Glashäuser, die für die exotischen Farnsammlungen Voraussetzung waren, wurden unmodern und enorm teuer im Unterhalt. Viel gärtnerisches Wissen ging verloren und die meisten Farnhäuser und -gärten gerieten in Vergessenheit. Erst in den 1950er-Jahren sah man wieder Farne in den Gärten, als das Interesse am Landleben neu auflebte.

In den 1990er-Jahren setzte dann eine neue Farnwelle ein und viele der alten viktorianischen Farnhäuser wurden restauriert, etwa Ascog Hall und die Häuser von Dewstow und Benmore. Sie sind bis heute lohnenswerte Ziele für einen Besuch (siehe S. 212–213).

Ascog Hall

Die akute Phase des Farnfiebers ebbte mit der Zeit ab. Doch mit seiner grafischen Form ist der Farn auch heute wieder ein beliebtes Motiv im Kunsthandwerk und in der Inneneinrichtung. Vielleicht gerät er noch einmal ins Rampenlicht?

MILDERE FORMEN DES FARNFIEBERS

Wenn man von der Faszination für Farne in der britischen Bevölkerung liest, stellt sich schnell die Frage, ob die Bewohner:innen anderer Länder mit dem Farnfieber «angesteckt» wurden. Das Interesse an exotischen Farnen konnte sich definitiv auch über die Landesgrenzen Großbritanniens heraus etablieren. Die Glashäuser wurden immer moderner und so nahm der Trend Fahrt auf. Die größten Sammler exotischer Pflanzen waren die botanischen Gärten, die im 19. Jahrhundert oft Treibhäuser für Farne und andere wärmeliebende Pflanzen anlegten.

Viele der schwedischen und deutschen Pflanzen- und Samenhändler hatten in ihren Katalogen eine eigene Rubrik für Farne. 1896 hatte die Firma Alnarps Trädgårdar, einer der größten schwedischen Pflanzen-Versandhändler, 72 verschiedene Farne im Programm. Auch wenn dies nicht ansatzweise an das Angebot englischer Versandfirmen herankam, war es doch eine relativ große Anzahl. In schwedischen Zeitschriften wurde fleißig annonciert, welche Farne man bei schwedischen, aber auch ausländischen Versand-Gärtnereien bestellen konnte. In Deutschland war das Angebot im selben Jahr sogar noch größer. Der Katalog von Haage & Schmidt, eines der großen Erfurter Gartenbauunternehmen, bot Samen von 93 verschiedenen Farnarten bzw. -sorten an. Bei zwei Dritteln handelte es sich um Farne, die in Gewächshäusern angepflanzt werden mussten. Bloß 31 eigneten sich fürs Freiland. Das Angebot umfasste außerdem Samen von elf verschiedenen Baumfarnarten. Dazu kamen 109 Farnarten, die bereits im Jungpflanzenstadium angeboten wurden – für diejenigen, die sich die Mühe des Ziehens aus Samen nicht machen wollten. Darunter waren jedoch keine Farne für den Garten, sie alle brauchen die Wärme von Gewächshäusern oder der heimischen Wohnzimmer.

Während in Schweden bereits um 1910 das Angebot dramatisch zurückging und der Bestellkatalog der Gärtnerei Alnarps nur noch vier Sorten anbot, wuchs das Angebot der Erfurter Handelsgärtnerei sogar noch leicht. Einer der Gründer, Johann Nicolaus Haare, hatte vor der Gründung der Handelsgärtnerei einige Jahre in England gearbeitet.

«Ein Riesenfarn im Humlegården. Unter den rund hundert stattlichen Blattgewächsen, die am Dienstag auf dem halbkreisförmigen Rasen vor der Linné-Statue im Humlegården ausgepflanzt wurden, ragt die Farnart Chyathea medularis *hervor, die nicht weniger als sechs Meter Höhe misst. Ein solches Gewächs war bislang noch nie unter den Blumengruppen in der Hauptstadt zu sehen gewesen und es weckt große Aufmerksamkeit.»*

Bericht über die Pflanzung eines Baumfarns in einem Stockholmer Park in der schwedischen Tageszeitung *Dagens Nyheter*, 29. Juni 1893

Es ist daher anzunehmen, dass er die Leidenschaft für Farne mit nach Deutschland gebracht hat. Außerdem verkaufte die Gärtnerei ihre Pflanzen und Samen auch ins Ausland und deckte damit natürlich einen weitaus größeren Markt ab.

Auch wenn Farne ein fester Bestandteil der Kataloge großer Händler gewesen zu sein scheinen: Bis Farne in Deutschland als wertvolle Gartenpflanzen angesehen wurden, verging noch eine gewisse Zeit. 1907 bot der Katalog der Berliner Staudengärtnerei von Karl Förster erst zwei Sorten für den Anbau im Freien an, im Jahr 1927 waren es bereits 17 verschiedene Farnsorten. Bis kurz vor Ausbruch des Zweiten Weltkriegs war das Angebot 1938 auf 54 Pflanzensorten angewachsen. Sie wurden mit den folgenden Worten beworben: «Zu den vornehmsten Pflanzengestalten der Erde gehörende, enorm zähe und langlebige Gewächse, die ihren waldfrischen, urweltlichen Zauber willig in den Gärten entfalten. Auch zwischen halbschattiger Staudenpflanzung von großer Wirkung und über blütenärmere Wochen hinweghelfend.» Karl Förster wird es zugeschrieben, sowohl den Farnen als auch den Gräsern den Weg in die deutschen Gärten geebnet zu haben.

Das Interesse der schwedischen und deutschen Bevölkerung an Pflanzen und Gartenarbeit kam insgesamt nicht an die Passion der Briten heran. Unter anderem lag dies sicherlich auch daran, dass die Kultivierung exotischer Farne aufgrund der klimatischen Bedingungen in Großbritannien weitaus einfacher war als im insgesamt kälteren Schweden oder im deutschsprachigen Raum.

Farne als Zimmerpflanzen konnten sich jedoch durchsetzen. Ein richtiger Trend zu exotischen Zimmerpflanzen begann in den 1950er-Jahren mit dem Wirtschaftsaufschwung und erreichte seinen Höhepunkt in den 1970ern, häufig in Kombination mit dem mittlerweile wieder angesagten Makramee. Zu dieser Zeit gehörten Farnblätter auch in die Schnittblumensträuße und im Blumengroßhandel hielt man dazu verschiedenste Farne bereit.

Die Sorten, die heute erhältlich sind, gab es im Großen und Ganzen damals schon. Glücklicherweise wächst in letzter Zeit das Interesse an Farnen wieder, sodass immer mehr Arten und Sorten angeboten werden. Gute Aussichten für Farnliebhaber:innen!

Links: *Cyathea dealbata*, Kew Gardens
Rechts: Das Farnsortiment von 1908–1909. Auszug aus dem Katalog von Alnarps Trädgårdar.

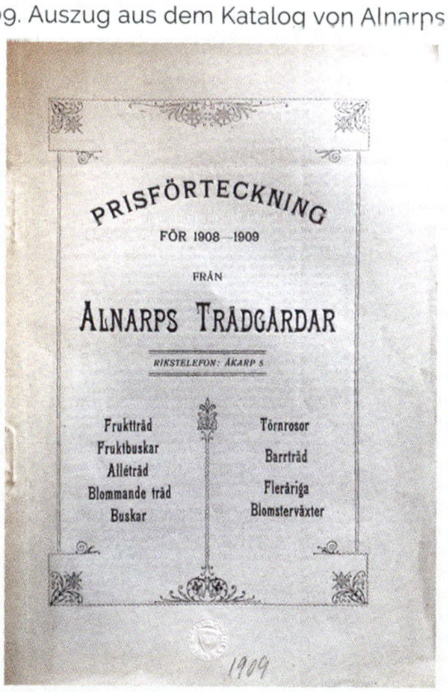

Ormbunkar.

För kalljord.

Adiantum L. **Venushår.**
» pedatum L. Nordamerika ... 1.50
Aspidium Sw. **Ormbagge.**
» aculeatum L. ... 1.00
» » cristatum, grandidens, lobatum, proliferum, Wollaston à ... 1.50
» Braunii Spenn ... —
» Hallerii Sw. ... —
» imbricatum More ... 1.50
» Lonchites L. ... 1.50
Asplenium L. **Bergsspring.**
» marinum L. ... 1.50
» septentrionale L. ... 0.50
» Trichomanes L. ... 0.50
Athyrium Roth. **Majbräken.**
» Filix foemina L. ... 0.25
» » corymbiferum hort ... 1.50
» » cruciata hort. Alnarp ... 3.00
» » Fjeldii hort ... 1.25
» » Frizelliae ... 1.50
» » Kronii, hort. Alnarp ... 1.00
» » multiceps hort ... 1.50
» » monstrosum hort ... 1.25
» » Pritchardii hort ... 1.00
» » Stansfieldii hort ... 1.25
Cystopteris Bernh. **Stenbräken.**
» bulbiferum L. ... 0.50
» fragilis L. ... 0.50
Onoclea L.
» sensibilis L. ... 0.50
Osmunda Tournef. **Safjabräken.**
» cinnamomea L. ... 2.00
» regalis L. ... 1.50
Phegopteris Fries. **Gärdesbräken.**
» Dryopteris L. ... 0.15
» polypodioides Fée ... 0.30
Polypodium L. **Stensöta.**
» vulgare ... 0.50
» » auritum Willd ... 0.75
» » cambricum ... 1.00 à 5.00
Polystichum Roth. **Träjon.**
» Filix mas L. ... 0.25–0.50
» » furcans L. ... 1.50
» » cristata L. ... 2.00
» marginata Mchx ... —
» rigidum Hoffm. ... —
» spinulosum Ritz. ... 0.25–0.50
» » dilatatum Hoffm. ... 0.25–0.50
» Thelypteris L. ... 0.50
Pteris L. **Örnbräken.**
» aquilina L. ... 0.50
Scolopendrium J. E. Sm. **Mjältbräken.**
» Officinarum Ehrh. ... 1.00
» » undulatum ... 2.00–5.00
Struthiopteris L. **Strutbunke.**
» germanica Willd ... 0.25–0.50

Diverse afskuret grönt för kransbindning.

	1 Kilo.	10 Kilo. Kr.	100 Kilo. Kr.
Abies diverse	0.50–0.75	4.00–7.00	35.00–60.00
Chamaecyparis Lawsoniana	1.25	10.00	90.00
Juniperus virginiana	0.50	4.50	40.00
" **Sabina**	0.50	4.50	—
Pinus austriaca & Strobus	0.50	4.50	40.00
Taxus baccata	0.50	4.50	40.00
Thuya gigantea	1.25	10.00	90.00
" **occidentalis**	0.50	6.00	50.00
Thuyopsis dolobrata	1.50	14.00	—
Tsuga canadensis	0.50	4.50	40.00

Mohonia Aquifolia pr 100 blad 0.50 pr 1,000 kr. 4.50.

Milzfarn

Straußfarn

Lanzen-Schildfarn

Frauenfarn

KRAUSER ROLLFARN

CRYPTOGRAMMA CRISPA

LICHT
halbschattig

WASSER
keine Staunässe

BODEN
gut durchlässige, steinige Erde, niedriger pH-Wert

Der Krause Rollfarn wächst vor allem in den Alpen. Die wenigen in Deutschland zu findenden Exemplare sind streng geschützt. Er bleibt klein und ist mit seinen charakteristischen krausen Blättern kaum mit einem anderen Farn zu verwechseln. Der Name crispa bedeutet gekräuselt oder kraus und verweist auf das Aussehen der sterilen Blattfiedern.

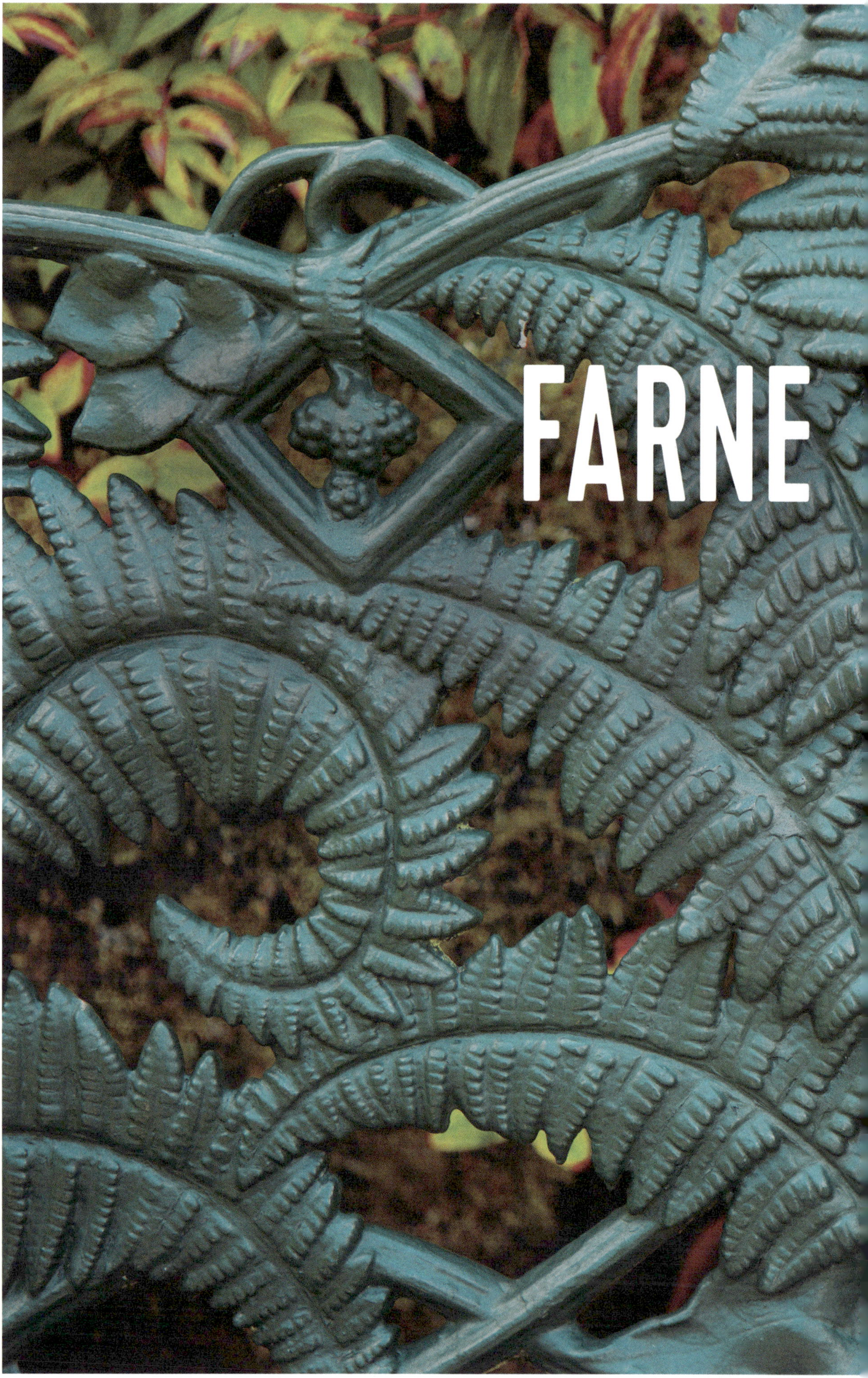

FARNE

IN KUNST UND DESIGN

FARNE: VON FASZINIEREND SCHÖNER FORM

Zur Zeit des Farnfiebers in Großbritannien wurde der Farn zu einem populären Motiv in der Bildkunst und im Design. Seine Form inspirierte das Kunsthandwerk in Bereichen wie Holzschnitzereien, Gusseisen, Keramik und Textilien. Auch für das Interieur zu Hause liebte man Farnmotive. Seit dem 19. Jahrhundert taucht er immer wieder als Motiv auf Tapeten, Stoffen, Porzellan und anderen Einrichtungsgegenständen auf. Nach einigen Jahrzehnten des Vergessens erlebt der Farn nun ein Comeback und nimmt erneut seinen Platz als Trendpflanze in der Inneneinrichtung ein.

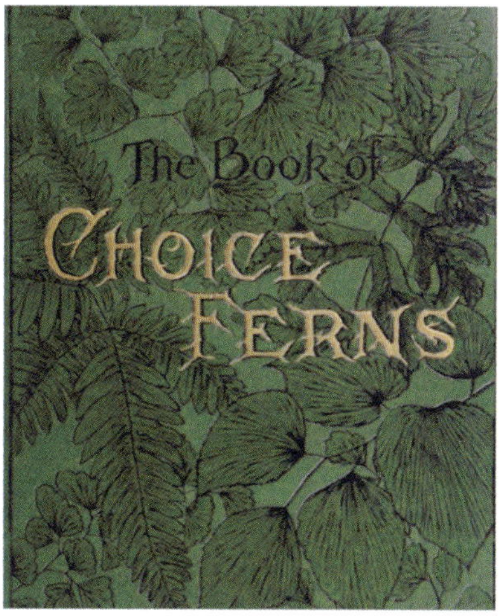
The Book of
CHOICE
FERNS

8
ORMBUNKAR

V E R D E
EAU DE PARFUM
NEST FRAGRANCES
NEW YORK

I AM FERN CRAZE

STONEL
NEW ZEA
CHARDON
A WONDER OF

FARNE IN DER KUNST

Die Kunst im 19. und zu Beginn des 20. Jahrhunderts stand ganz im Zeichen der Natur. Oft wurden dramatische Naturszenarien wie Wasserfälle, Klippen und Aussichten von schwindelerregenden Gipfeln dargestellt. Auch Motive wie knorrige Bäume und alte, moosbewachsene Wälder waren beliebt. Man wollte das Wilde, Ursprüngliche festhalten und glaubte, dass für die Gesundheit von Körper und Seele ein enger Kontakt mit der Natur notwendig war. Die Bilder waren stimmungsvoll und drückten die Faszination für die Natur aus. Es war die Zeit der Freiluftmaler, die mit ihren tragbaren Malkästen und Staffeleien in die Natur hinauszogen, um das Licht der Sommernacht oder des frühen Morgens einzufangen.

In Großbritannien fiel dies mit dem Farnfieber zusammen. Man sammelte nicht nur die Farne und kultivierte sie, sondern bildete sie nun auch auf Teetassen und Suppenterrinen ab, druckte sie auf Stoffe, Tapeten und Ziergegenstände und schmückte Gartenmöbel und Hausfassaden damit. Als um die Jahrhundertwende der Jugendstil mit seinen organischen Naturmotiven den Ton angab, standen auch die dekorativen Formen des Farns hoch im Kurs.

Oben: viktorianisches Schmuckstück
Rechts: Kästchen mit Farnmotiven aus dem schottischen Mauchline (oben), Porzellan von Ridgeways (Mitte), gedruckte Farnblätter (unten) und eine Gartenbank aus Gusseisen (ganz unten).

MATERIALIEN – VON PAPIER ÜBER PORZELLAN BIS GUSSEISEN

Ein besonders beliebtes Material, um Farne darzustellen, wurde das Eisen. Die *Coalbrookdale Iron Company* beispielsweise stellte Gartenmöbel her, darunter die berühmte Bank *Ferns and Blackberry* aus Gusseisen. Ein Exemplar wurde vor einiger Zeit im Auktionshaus Christies für umgerechnet rund 4500 Euro verkauft.

Die Gartenbank wurde zur ersten Weltausstellung 1851 in London angefertigt, wo sie im berühmten Crystal Palace ausgestellt wurde. Später kopierten viele andere Gießereien in ganz Europa das Modell. Graf Lennart Bernadotte liebte diese Bank und orderte eine große Anzahl bei Byarum für seine Schlossgärten auf der Insel Mainau im Bodensee.

Das Farnornament wurde auch in anderen Kunsthandwerksdisziplinen zum beliebten Motiv. Im Bereich der Textilien fertigte man Teppiche, Gardinen, Tischdecken und Spitzen, aber auch Möbelbezugsstoffe und leichtere Stoffe für Kleider, Röcke und Blusen – alles mit Farnmotiven. Am weitesten verbreitet war der Farn aber auf Gegenständen aus Keramik und Porzellan. Nahezu alle großen Hersteller boten Geschirr mit Farnmotiven an. Der Markt wurde überschüttet mit gemustertem Steingut, stilvollem Porzellan und Terracotta-Übertöpfen mit gemalten oder eingeprägten Farnmustern. *Ridgeway Pottery* stellte gleich mehrere Geschirrservice mit Farnmustern her. Eines der beliebtesten wurde ein Puppengeschirr namens *Green Maiden Hair Fern* von 1881. Auch Glashersteller folgten dem Trend und bald standen Trinkgläser mit eingravierten Farnmotiven auf den viktorianischen Esstischen, genauso wie Karaffen und Vasen mit eingeätzten Farnblättern.

Viele Frauen trugen Schmuck in Form von Farnblättern. Es gab Ohrringe, Halsketten, Medaillons oder Broschen aus Silber, Gold und Emaille und auch Anhänger mit kleinen, in Glaskapseln eingefassten Farnblättern. Zu einer beliebten Beschäftigung der Damen der Oberklasse wurde das Anlegen eines Albums mit gepressten Farnblättern – einfach, weil sie so schön waren. Zum Zeitvertreib kreierte man kleine Kunstwerke aus Farnblättern: Man drückte ein schönes Farnblatt auf ein Blatt Papier und bedeckt das Papier dann mit einer dünnen Schicht Tinte. Wenn diese getrocknet war, entfernte man das Farnblatt. So erhielt man ein hübsches Farnbild, das eingerahmt werden konnte.

Im 19. Jahrhundert zierten Farne zahlreiche Alltagsgegenstände. Farnranken, einzelne Farnblätter und auch ganze Farnpflanzen schmückten Gläser, Teller, Tassen und Schüsseln. Und was könnte schöner sein als Farne, wenn man festlich decken will? Links auf dem Bild steht die Vase *Dagg* von Carina Seth Andersson (Svenskt Tenn) auf dem Tischtuch *Stensöta* (Tüpfelfarn) von Hjertén & Hjérten.

In den viktorianischen Häusern hingen Farngardinen und an den Wänden zeigten die Tapetenmuster dekorative Farnarten. Viele englische Stofffirmen druckten Farnmuster auf ihre Stoffe, wie zum Beispiel GP & Baker, deren Stoff *Ferns* bis heute im Handel ist. Auch heute werden Stoffe und Tapeten mit Farnmustern wieder populär. Links: Tapete *Herba* von Boråstapeter. Oben links und rechts: Neujahrskarten mit Farnen, Ende 19. Jahrhundert. In der Mitte eine Illustration von Walter Crane aus dem Buch *Floral Fantasy – In an Old English Garden.*

Farnmuster scheinen nie aus der Mode zu kommen. In regelmäßigen Abständen tauchen sie auf Papierwaren, Bettwäsche, Bechern, Handtüchern und Dekogegenständen wieder auf. Teils sind sie stilisiert, häufig erinnern sie auch an alte Schulkarten oder Drucke.

Oben links: Mappe und Schreibkladde von Åhléns.
Rechts und gegenüberliegenden Seite: Leuchter und Pflanztopf von Stålhetta.
Unten links: Schmuck von Michel Michaud.

Die filigranen Farnblätter inspirieren zu Schmuckstücken ebenso wie zu Tattoos. Jeder kleine Strich und jede Struktur können in Bronze oder auf die Haut übertragen werden – je nach Geschmack und Belieben.

KULTIVIERUNG VON FARNEN

IM GARTEN

FARNE IM GARTEN

In vielen Gärten spielen Farne nur eine untergeordnete Rolle und werden an eine schattige Stelle am Rand verbannt. Das ist schade, denn Farne bieten so vieles, wovon Gärtner:innen träumen: eine große Vielfalt an Formen, Farben, Größe und Gestalt. Es stimmt, dass sich viele Farne im Schatten wohlfühlen, aber es gibt für jeden Teil des Gartens eine passende Art. Es ist an der Zeit, den Farn in verschiedenen Zusammenhängen zu präsentieren.

DIE RICHTIGE AUSWAHL

Wenn man Pflanzen für den eigenen Garten aussucht, gilt es vor allem, ihren natürlichen Standort zu berücksichtigen. Eine Pflanze, die viel Feuchtigkeit benötigt, sollte nicht an einen trockenen Platz gepflanzt werden. Sie erreicht dort selten ihr volles Potenzial und der gewünschte Effekt misslingt. Wahrscheinlich wird die Pflanze schwächeln und anfälliger für Krankheiten sein, wenn sie nicht in ihrem richtigen «Element» wächst.

Nur wenige Pflanzengruppen haben eine derartige Verbreitung über verschiedene Standorte wie Farne, was sie so vielseitig sowohl für den heimischen Garten als auch für öffentliche Gartenanlagen macht. Farne sind in erster Linie Wildpflanzen, deren natürlicher Lebensraum in lichten Wäldern liegt. Dort gedeihen sie unter Bäumen, die das Sonnenlicht filtern und für Halbschatten und relativ hohe Bodenfeuchtigkeit sorgen. Dies ist die Umgebung, die Sie im Garten nachahmen sollten, um erfolgreich Farne zu kultivieren.

Erkunden Sie, welche Farne wild in der Umgebung des Gartens wachsen, dann bekommen Sie eine Vorstellung davon, welche Arten sie anpflanzen können und wie sie sich im Garten verhalten werden. Ein Farn wie der Straußfarn, der sich stark ausbreitet, wird sich vermutlich im Garten noch ungehemmter ausbreiten – was Sie berücksichtigen sollten. Arten, die in der freien Natur nur an speziellen Orten wachsen,

können im Garten schwer zu kultivieren sein, es sei denn, man investiert viel Zeit und Arbeit, um ihre natürlichen Anforderungen an den Standort zu erfüllen, wie zum Beispiel Felsbrocken oder Geröll bereitzustellen.

Die allermeisten Farne, die man in den nahegelegenen Wäldern findet, sind im Gartenfachhandel erhältlich. Sie werden auch im Garten gut gedeihen, besonders wenn sie dort ähnliche Verhältnisse vorfinden wie an ihrem natürlichen Standort. Es gibt unendlich viele Gattungen, Arten und noch mehr Sorten von Farnen und obwohl die meisten Schatten oder Halbschatten und feuchte Böden mögen, gedeihen auch viele Arten an trockenen Standorten und in voller Sonne. Es gibt tatsächlich einen passenden Farn für alle Gestaltungsformen und für alle Bereiche des Gartens.

Besonders der Waldgarten eignet sich gut, um Farne anzupflanzen (siehe S. 176–179). Es ist kein eigentlicher Wald, sondern ein waldartig gestalteter Garten. Im Waldgarten spenden Bäume ein schattiges Dach und schaffen einen perfekten Standort für viele Farne.

Beim Anlegen eines neuen Waldgartens muss man langfristig denken, was sich vielleicht etwas langweilig anhört. Schließlich möchte man es gern sofort schön haben. Aber die Bäume müssen sich erst etablieren und wachsen, bevor Farne und andere Pflanzen darunter angepflanzt werden können. Die Wartezeit ist es wert – so schaffen Sie die richtigen Voraussetzungen für Ihre Farne. Ansonsten besteht die Gefahr, dass sich der Garten nicht so entwickelt, wie Sie geplant haben.

FARNE FÜR VERSCHIEDENE SORTEN VON BÖDEN

Kenntnisse über den Boden im eigenen Garten sind entscheidend, wenn man beim Kultivieren der Farne erfolgreich sein will. Viele Farne stellen ganz bestimmte Anforderungen an die Erde, in der sie wachsen. Daher ist es wichtig, die eigene Gartenerde zu kennen und je nach Bodentyp vorzubereiten.

SAURE UND ALKALISCHE BÖDEN

Einige Gattungen gedeihen nur in sauren Böden, andere wiederum nur in alkalischen. Will man Farne kultivieren, die einen niedrigeren pH-Wert benötigen, kann man sie gut unter Nadelbäumen pflanzen. Es gibt aber auch Gattungen, die anspruchslos in Bezug auf den pH-Wert sind und mit den meisten Böden zurechtkommen.

Den pH-Wert des Bodens zu verändern, ist schwierig. Auch wenn es gelingen sollte, ist das Glück oft nur von kurzer Dauer, bis der Boden seinen ursprünglichen pH-Wert wieder erlangt. Bevor man die Farne für seinen Garten auswählt, ist es deshalb gut, den pH-Wert der Gartenerde zu bestimmen und die Farne danach auszusuchen.

SCHATTEN UND FEUCHTIGKEIT

Generell sind Farne Schattenpflanzen – bei starkem Sonnenschein verbrennen die Blätter leicht. Außerdem benötigen sie feuchte Erde, um optimal zu wachsen. Solche Verhältnisse findet man in den schattigeren Bereichen des Gartens. Aber auch zu dieser Regel gibt es Ausnahmen: Straußfarn, Frauenfarn und Hirschzunge beispielsweise können im Schatten wachsen, gedeihen aber ebenso gut in einem sonnigeren Teil des Gartens. Auch wenn sich viele Farne in feuchtem Boden wohlfühlen, bedeutet das nicht, dass sie gern im Wasser stehen. Ideal ist ein Boden, der die Feuchtigkeit bewahrt, aber trotzdem gut durchlässig ist.

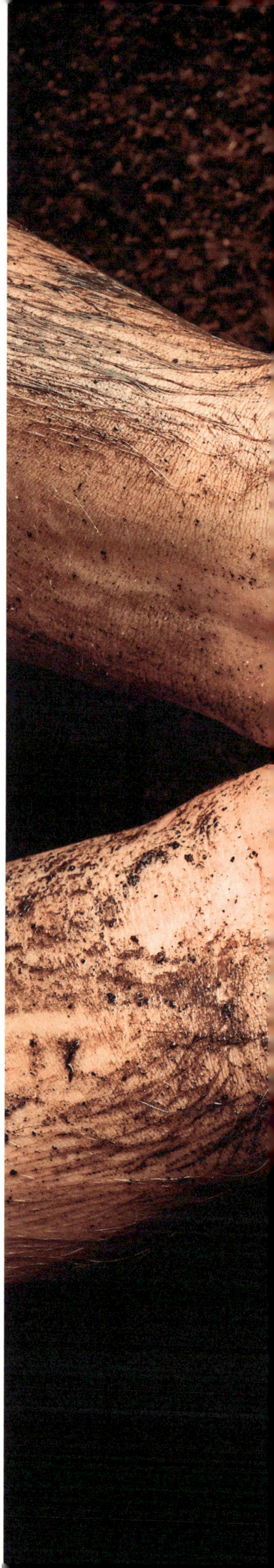

PFLEGEHINWEISE

DÜNGER UND BODENVERBESSERUNG

Farne sollten nicht zu viel Dünger erhalten. Er kann leicht die Wurzeln verbrennen, was im schlimmsten Fall zum Absterben der Pflanze führt. Der Nährstoffbedarf wird völlig ausreichend mit einer jährlichen Portion Kompost im Beet gedeckt, die man vorzugsweise im Frühling in den Boden einarbeitet. Wächst der Farn nur schlecht, liegt es häufiger an einer schlechten Wasserversorgung als an einem Mangel an Nährstoffen. Unabhängig von der Bodenart im Garten ist es sinnvoll, reichlich organisches Material einzuarbeiten – in den meisten Fällen reicht das aus.

Beginnen Sie damit, das welke Laub vom Vorjahr im Beet zu zerkrümeln. Dann fügen Sie gut verrottetes organisches Material zu, zum Beispiel Komposterde. Durch die enthaltenen Humussubstanzen wird der Boden durchlässiger. Die organischen Stoffe fördern die Mikroorganismen im Boden und führen zu einem lebendigeren Boden. Ein Boden mit hoher mikrobieller Aktivität kann Wasser und Nährstoffe besser speichern, die Bodenstruktur verbessert sich und die Pflanzen werden gesünder. Außerdem

lässt sich die oberste Bodenschicht durch die kontinuierliche Zufuhr von Kompost leichter bearbeiten und Unkraut lässt sich leicht entfernen.

Müssen die Farne im Garten dennoch gedüngt werden, kann man Stallmist oder Flüssigdünger ausbringen. Wichtig ist, dass es sich um einen Langzeitdünger mit niedrigem Stickstoffgehalt handelt, Hühnermist oder ähnliches eignet sich daher nicht. Selbst die im Handel erhältlichen Nährstoffpräparate sind in der Regel zu stark für Farne und können, wie bereits erwähnt, leicht die Wurzeln verbrennen und im schlimmsten Fall die Pflanze zum Absterben bringen.

PFLANZENSCHUTZ

Der Bedarf an Pflanzenschutzmitteln ist bei Farnen minimal. Hat man gesunde Pflanzen ausgewählt und an passende Standort gepflanzt, sind Pflanzenkrankheiten eine Seltenheit.

TEMPERATUR

Bei großen Temperaturschwankungen im Winter besteht die Gefahr, dass das Rhizom des Farns aus dem Boden gedrückt wird. Dann ist die Pflanze stärker der Trockenheit, aber auch mechanischen Belastungen ausgesetzt. Deshalb ist es gut, die Rhizome während des Winters mit einer Laubschicht zu bedecken. Wenn die Laubschicht im Frühling dann vertrocknet ist, zerreibt man die Blätter zwischen den Fingern und verteilt sie auf der Erde. Bleibt das Laub unzerkleinert liegen, besteht die Gefahr, dass der Farn erstickt.

MIT LEICHTER HAND

Gehen Sie in einem Beet mit Farnen vorsichtig vor und achten Sie insbesondere auf die Rhizome der Pflanzen. Das gesamte neue Wachstum kommt aus dem Rhizom und wenn es beschädigt wird, verschlechtert sich das Wachstum, im schlimmsten Fall stirbt die Pflanze ab. Außerdem wachsen Farnwurzeln in der Regel sehr flach und werden daher leicht zerstört, wenn die Bodenoberfläche zu stark bearbeitet wird.

Um nicht versehentlich auf die Rhizome und Wurzeln zu treten, legt man feste Wege oder Trittplatten im Farngarten an. Setzen Sie Gartenwerkzeuge wie Rechen, Harken und Handgrubber vorsichtig ein und vermeiden Sie auch, den Gartenschlauch durch das Beet zu ziehen, denn davon können die Blattstiele abbrechen.

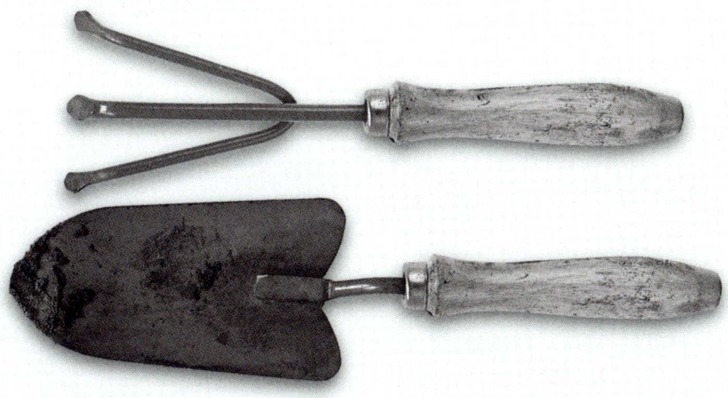

Will man im Beet rund um die Farne arbeiten, ist Vorsicht geboten, denn die flachen Wurzeln und die Rhizome werden leicht beschädigt. Manchmal erzielt man die besten Ergebnisse, wenn man mit bloßen Händen zupft und lockert.

VEGETATIVE VERMEHRUNG

TEILUNG

Wie die meisten Stauden können auch Farne geteilt werden, was bei einem bereits vorhandenen Farn der einfachste Weg ist, um eine neue Pflanze zu erhalten. Die beste Zeit dafür ist der Frühling. Achten Sie darauf, dass um jeden Wurzelballen so viel Erde wie möglich hängen bleibt, wenn Sie die Pflanze teilen. So werden die Wurzeln so wenig wie möglich beschädigt und die neuen Pflanzen wachsen schneller an.

Farnarten, die ein kriechendes Rhizom besitzen, wie zum Beispiel bestimmte Arten der Gattung *Polypodium*, kann man ausgraben und mit einem scharfen Messer in Stücke schneiden. Es sollten nicht zu kleine Stücke sein – größere Rhizomteile haben eine höhere Überlebenschance. Pflanzen Sie die Rhizomteile in Töpfe oder direkt ins Beet.

Es ist wichtig, dass jedes Stück mindestens ein vollständiges Blatt besitzt. Bei der Pflanzung ist darauf zu achten, dass die Vegetationspunkte nicht beschädigt werden und oberirdisch liegen. Während der ersten Wachstumsperiode sollte die Erde gleichmäßig feucht sein.

BULBILLEN

Bulbillen sind Brutknospen oder kleine Zwiebeln, die einige Pflanzen bilden. Sie sind bei Lilien und vielen Zwiebelgewächsen verbreitet. Bulbillen können wie gewöhnliche Samen ausgesät werden. Auf diese Weise erhält man weit mehr Einzelpflanzen, als es durch Teilung möglich wäre. Da Bulbillen ohne sexuelle Fortpflanzung entstehen, sind die neuen Pflanzen genetisch mit der Mutterpflanze identisch. Einige Farne, wie die meisten Sorten von *Polystichum setiferum* (Borstiger Schildfarn), bilden Bulbillen entlang der Fieder- oder Blattspindeln.

SO GEHEN SIE VOR

- Blätter mit Bulbillen schneidet man im Herbst ab und legt sie auf nährstoffarmen Kompost oder auf Aussaaterde in eine Saatkiste, die mit Folie abgedeckt wird, damit die Erde gleichmäßig feucht bleibt. Die Kiste sollte an einem hellen Platz bei einer Temperatur von ca. 18–20 Grad stehen. Wenn die kleinen Pflanzen gekeimt sind und zwei bis drei Blätter entwickelt haben, werden sie in kleine Töpfe gepflanzt. Es ist wichtig, dass sie genau so tief eingepflanzt werden, wie sie in der Saatkiste gestanden haben; pflanzt man sie zu tief ein, kann der Stiel faulen und die Pflanze stirbt ab. Nach ungefähr sechs bis neun Monaten können die Pflanzen in den Garten umziehen.
- Besteht keine Möglichkeit, die Pflanzen im Haus aufzuziehen, kann man alternativ die Blätter mit den Bulbillen an der Mutterpflanze belassen. Drücken Sie das Blatt wie einen Ableger auf den Boden und bedecken Sie es mit einer dünnen Lage nährstoffarmer Erde. Die kleinen Pflanzen werden sich im Frühling direkt am Standort entwickeln. Graben Sie sie etwas später im Frühling aus und pflanzen Sie sie in kleine Töpfe, in denen sie den Sommer über heranwachsen. Im Herbst können sie ins Freiland gesetzt werden.
- Manche Farne bilden ihre Bulbillen an der Blattbasis aus, beispielsweise *Asplenium scolopendrium* 'Crispum' sowie andere Kultursorten dieser Art. Man vermehrt sie im Frühling, indem man einen Teil der Pflanze abbricht. Achten Sie darauf, dass ein Stück der Blattbasis dabei ist. Schneiden Sie das Stück auf ca. 2 cm zurück und setzen Sie es umgekehrt, also mit der Blattbasis nach oben, in einen Topf mit Aussaaterde. Der Topf wird dann an einen hellen Platz bei Zimmertemperatur gestellt. Auch hier empfiehlt sich eine Abdeckung mit Folie, bis die Pflanze gekeimt ist, um die Erde gleichmäßig feucht zu halten. Die Stecklinge sollten ungefähr ein Jahr lang im Topf wachsen, bevor sie in den Garten ausgepflanzt werden.
- Achten Sie stets darauf, bei allen anfallenden Arbeiten gründlich gereinigte Pflanzgefäße und Werkzeuge zu verwenden.

VERMEHRUNG ÜBER SPOREN

SPORENSCHLEUDER
Reife Sporen werden aus dem Sporangium herauskatapultiert.

FARNE GENERATIV VERMEHREN

Die Vermehrung von Farnen über Sporen ist ein recht zeitaufwendiger Prozess, von der Aussaat bis zur Auspflanzung können mehrere Jahre vergehen. Wenn Sie sich jedoch für Farne begeistern, lohnt es sich, eigene Pflanzen zu ziehen und beim Wachsen zu beobachten. Es braucht zwar Zeit, aber es ist nicht schwer. Allerdings ist es wichtig zu wissen, wie man die Sporen einsammelt und richtig aufbewahrt, und beim Pflanzen auf gute Hygiene zu achten.

SPOREN EINSAMMELN

Die Farnsporen müssen erst reifen, bevor sie abgesammelt werden können, je nach Gattung und Art geschieht dies im Spätsommer bis Herbst. Reife Sporangien (Sporenbehälter) sind normalerweise dunkelbraun bis schwarz und teilweise mit einem Indusium (Schleier) bedeckt, das die Sporen schützt. Unreife Sporen haben eine bleiche Farbe. Sehen die Sporangien aufgebrochen oder ausgefranst aus, wurden die Sporen bereits freigesetzt und durch den Wind verbreitet.

Bei manchen Arten, zum Beispiel bei denen der Gattung *Polypodium*, sind die reifen Sporen gelb, bei anderen grün oder orange, etwa bei *Osmunda, Onoclea* und *Matteuiccia*. Da die reifen Sporen bei den verschiedenen Gattungen so unterschiedlich aussehen, sollte man den Reifungsprozess während einer ganzen Saison beobachten, um seine Farne im Garten kennenzulernen. Bei manchen Arten ist es schwer, die Sporen mit bloßem Auge zu erkennen; eine Lupe ist dann ein gutes Hilfsmittel.

Bei anderen Arten ist ein Teil des Sporangiums von einer dicken Zellschicht eingefasst, dem Anulus. Wenn die Sporen im Inneren des Sporangiums gereift sind, platzt der Anulus auf und drückt das Sporangium nach hinten, sodass die Sporen katapultartig herausgeschleudert werden. Der Wind übernimmt dann die Aufgabe, sie über größere Entfernungen zu verbreiten.

EIN RAT AUS ALTEN ZEITEN

«Die geeignetste Zeit, um Farnsporen zu säen, ist das Frühjahr. Man säe sie in eine Saatschüssel oder in drei bis vier Zoll große Töpfe, die gut durchlässig sein sollten und zu Zweidritteln mit halbverrotteter Humuserde befüllt werden. Darauf säe man die Sporen und bedecke die Töpfe mit einer Glasscheibe. Sie werden dann auf eine halbwarme Bank oder in ein warmes Treibhaus gestellt und gleichmäßig feucht und leicht schattig gehalten. Die Bewässerung geschieht am besten, indem man die Töpfe in mit Wasser gefüllte Schüsseln stellt. Ungefähr sechs Wochen nach der Aussaat kommen die jungen Pflanzen hervor. Wenn sie Blätter entwickelt haben, sollte man sie in kleine Töpfe umpflanzen und dann wie andere Pflanzen behandeln. Gleichmäßig feucht und leicht schattig. Eine mit Sand gemischte Lauberde ist die beste Erdmischung für sie.»

aus: *Handbok i svenska trädgårdsskötseln* (Handbuch des schwedischen Gartenbaus) von Erik Lindgren, Axel Pihl und Georg Löwegren, 1890.

SO GEHEN SIE VOR

1. *Drypoteris oreades*

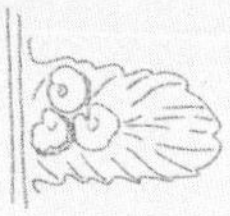

2. *Drypoteris affinis*

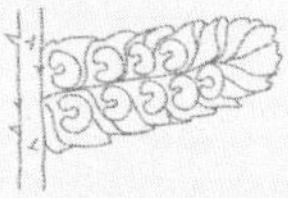

3. *Phegopteris connectilis*

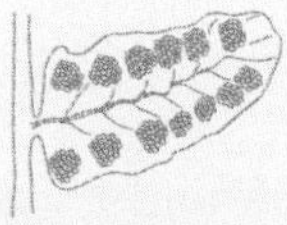

SCHRITT 1 – SPOREN SAMMELN

- Schneiden Sie Farnblätter mit voll ausgereiften Sporen im Garten ab.
- Nehmen Sie Blätter von verschiedenen Individuen derselben Art, um eine größere genetische Vielfalt zu erhalten, was oft zu robusteren Nachkommen führt.
- Spülen Sie die Blätter vorsichtig in schwach seifigem Wasser, um sicherzustellen, dass keine anderen Sporen, Samen oder Krankheitserreger am Blatt sitzen.
- Legen Sie das Blatt mit den Sporen nach unten auf ein weißes Papier.
- Nach ein bis zwei Tagen haben sich die Sporen gelöst und sind auf dem Papier sichtbar, häufig als ein braunschwarzes oder gelbliches Pulver.
- Haben sich die Sporen nach einigen Tagen nicht gelöst, kann man den Vorgang beschleunigen, indem man eine Lampe darüber platziert. Die Wärme der Lampe bewirkt, dass die Sporen aus den Sporangien fallen.
- Entfernen Sie leere Sporangien und andere Partikel auf dem Papier, sodass nur die Sporen zurückbleiben. So verhindern Sie, dass andere Organismen wie Pilze, Algen oder Moos unter die Sporen geraten. Am Einfachsten geschieht das, indem man das Papier schräg hält und leicht gegen die Unterseite klopft, dann rutscht der Abfall vom Papier, während die schwereren Sporen liegen bleiben. Man kann auch mit einer Pinzette die Sporangien herauspicken.
- Das Papier kann dann wie eine Samentüte – oder genauer gesagt «Sporentüte» – gefaltet werden.
- Die Sporen der meisten Arten lassen sich mehrere Monate aufbewahren, solange sie kühl gelagert werden.
- Es gibt einige empfindliche Arten, die schnell ihre Keimfähigkeit verlieren, darunter beispielsweise die Arten von *Osmunda*. Diese müssen unmittelbar nach der Sporenreife im Herbst oder kurze Zeit später ausgesät werden.

SCHRITT 2 – SPOREN VORBEREITEN UND SÄEN

- Die im Herbst gesammelten Sporen am besten im Februar/März aussäen.
- Pflanzgefäße und Erde müssen keimfrei sein, damit die Aussaat der Sporen gelingt.
- Füllen Sie die Erde in einen Plastikbeutel und kochen Sie sie zusammen mit den Pflanzgefäßen mindestens 20 Minuten lang aus, damit alle Keime abgetötet werden.
- Verwenden Sie eine nährstoffarme, durchlässige Erdmischung, die das Wasser gut speichert, zum Beispiel Komposterde aus Laub aus dem eigenen Garten oder gekaufte Aussaaterde.
- Füllen Sie die Pflanzgefäße mit Erde und gießen Sie kräftig, bis sie ordentlich nass sind. Verwenden Sie einen Behälter mit Loch im Boden, damit das überflüssige Wasser ablaufen kann.
- Gießen Sie nur mit sterilisiertem oder abgekochtem Wasser.
- Verteilen Sie die Sporen so dünn es geht auf der Erdoberfläche. Lassen Sie die Gefäße im Haus stehen, damit der Wind die Sporen nicht wegbläst. Im Haus sinkt auch das Risiko von Krankheiten, die aus der Luft übertragen werden.

SCHRITT 3 – KEIMUNG

- Bedecken Sie die Saat mit sauberer Folie oder stellen Sie das Gefäß in einen sauberen Plastikbeutel und lassen Sie es ein bis zwei Tage an einem dunklen Platz stehen.
- Stellen Sie das Gefäß dann bei Zimmertemperatur an einen hellen Platz, aber nicht in direktes Sonnenlicht.
- Die Temperatur sollte zwischen 16 und 20 °C liegen – das Wichtigste ist aber, dass sie konstant bleibt.
- Halten Sie die Saat feucht, indem Sie den Topf in eine Schüssel oder einen Untersetzer mit Wasser stellen. Das Wasser muss keimfrei sein.
- Die Keimzeit kann je nach Art variieren, meist sind es ein bis zwei Monate.
- Nach ca. drei Monaten haben sich die Prothallien entwickelt.
- In diesem Stadium ist eine gleichmäßige Feuchtigkeit entscheidend dafür, dass die Prothallien befruchtet werden. Wässern Sie von unten oder brausen Sie die Prothallien täglich leicht mit sterilisiertem Wasser ab.

SCHRITT 4 – UMPFLANZEN UND WEITERE ENTWICKLUNG

- Die Saat steht fast immer zu dicht, deshalb empfiehlt es sich, die Prothallien umzupflanzen.
- Nehmen Sie ein Prothallium mithilfe eines Stifts auf und pflanzen Sie es in ein neues, keimfreies Gefäß. Lassen Sie ca. 2–3 cm Platz zwischen jedem Prothallium. Auch diese Gefäße werden mit Plastikbeuteln verschlossen.
- Wie lange es dauert, bis sich die Prothallien zu Sporophyten entwickelt haben, ist von Art zu Art unterschiedlich. Es können zwischen sechs und zwölf Monate vergehen.
- Halten Sie die Erde feucht und die Plastiktüten gut verschlossen, bis sich die Sporophyten entwickelt haben.
- Wenn die Pflänzchen zwei bis drei Keimblätter entwickelt haben, kann man sie in Anzuchtkästen umsetzen – nehmen Sie sie vorsichtig einzeln auf und pflanzen Sie sie jedes in ein eigenes Töpfchen.
- Die frisch gepflanzten Jungpflanzen vorsichtig wässern und mit Folie abdecken, bis sie angewachsen sind. Erst dann langsam ohne Folie umgewöhnen.
- Sind die Pflänzchen auf circa 5 cm angewachsen, können sie in einen größeren Topf umgepflanzt werden.

4. *Athyrium filix-femina*

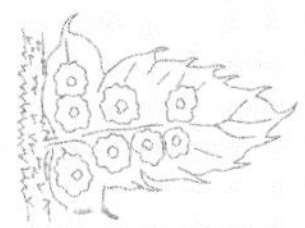

5. *Polystichum setiferum*

SCHRITT 5 – ABHÄRTEN UND AUSPFLANZEN

- Das Abhärten ist für die Farne nach der langen Kultivierungszeit sehr wichtig, da sie lange Zeit in geschützter Umgebung verbracht haben. Gewöhnen Sie die Pflanzen langsam an das Freiluftklima, bevor Sie sie auspflanzen.
- Wenn die Sporen im März ausgesät werden, können sie normalerweise im Juli/August umgetopft und im Frühling darauf im Garten ausgepflanzt werden.

6. *Asplenium ruta-muraria*

7. *Cystopteris fragilis*

WICHTIG: GUTE HYGIENE BEI DER ANZUCHT

Auch bei guten hygienischen Verhältnissen können Krankheitserreger die Pflanzen befallen. Algen, Moose und Pilze gedeihen in der gleichen feuchten Umgebung wie die Farnpflanzen. Glücklicherweise sind die kleinen Farne etwas resistenter gegenüber Trockenheit als die meisten anderen Organismen. Daher können Sie viele Schädlinge vermeiden, indem Sie von unten wässern. Ist ein Keimling dennoch befallen, kann er mit einer Pinzette vorsichtig weggezupft werden. Zusätzlich empfiehlt es sich, die Folie anzuheben und etwas zu lüften.

8. *Polypodium cambricum*

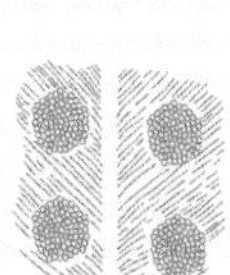

9. *Polypodium vulgare*

FARNE PFLANZEN

STANDORT UND ZEITPUNKT

Weniger winterharte Sorten werden am besten an geschützte Standorte gepflanzt. Bedenken Sie, dass der tiefste Punkt im Garten im Frühling ein «Frostloch» sein kann, auch wenn er windgeschützt liegt.

Der Zeitpunkt für die Pflanzung ist vom Klima des Platzes abhängig – in der Regel sind Frühling oder Herbst am besten. Wenn Sie in Gegenden leben, in denen die Winter oft nass und schneearm sind, ist eine Frühjahrspflanzung vorzuziehen, da die Wurzeln sonst leicht verfaulen können, bevor sie eine Chance hatten, sich zu entwickeln. Außerdem können die Rhizome bei Frost und Tauwetter im Winter aus dem Boden gedrückt werden, wodurch die feinen Wurzeln schneller austrocknen.

Wenn die Böden jedoch gut durchlässig sind oder wenn Sie in Gebieten mit Bodenfrost leben, ist eine Pflanzung im Herbst zu empfehlen. Dann brauchen Sie weniger zu gießen, die Wurzeln können sich vor dem Winter etablieren und die Pflanze wird sich schneller entwickeln.

Wenn Sie einen Farn während der Saison umpflanzen oder neu pflanzen, ist es wichtig, die Blätter auf die Hälfte zurückzuschneiden. Das verringert den Wasserbedarf und die Pflanzen wachsen schneller an. Sobald das Wurzelsystem gut ausgebildet ist, wachsen auch neue Blätter.

PFLANZABSTAND

Der Pflanzabstand hängt von der Gattung und der Art ab, etwa 30 cm Abstand bei den kleinen und bis zu 1 m Abstand für die größten Farne sind meist richtig. Im Frühling lässt sich nur schwer erahnen, wie groß die Pflanzen werden können. Deshalb ist es gut, etwas mehr Platz zu lassen, damit die Pflanzen wirklich den benötigten Abstand haben. Vielen Farnen behagt es nicht, wenn sie zu dicht mit anderen Pflanzen zusammenstehen.

Farne zieren jeden Garten – ob im Topf oder im schattigen Beet.

FARNE UMPFLANZEN

Will man einen Farn an eine andere Stelle verpflanzen, gräbt man zuerst einen möglichst großen Wurzelballen aus. Zuvor schaut man sich genau an, wie die Rhizome und Wurzeln an diesem Farn wachsen, um sie beim Ausgraben möglichst wenig zu beschädigen. Danach hebt man ein Pflanzloch in der Größe des Wurzelballens aus, stellt die Pflanze in das Loch und gießt gut an. Dann wird das Loch mit frischer Erde aufgefüllt, angedrückt und nochmals gewässert.

EINGETOPFTE FARNE PFLANZEN

Heben Sie die Pflanze aus dem Topf und zupfen Sie die Wurzeln vorsichtig auseinander. Das ist besonders wichtig, wenn die Erde sehr stark durchwurzelt ist. Anderenfalls besteht die Gefahr, dass die Wurzeln nie aus dem Pflanzloch heraus in die umgebende Erde wachsen und somit der Pflanze keinen richtigen Halt geben.

Pflanzen Sie möglichst immer in den vorhandenen Gartenboden, denn gekaufte Erde enthält oft viel Torf. Es ist wichtig, überschüssige Erde vom Wurzelballen zu entfernen, besonders wenn sie sich stark von der Erde im Beet unterscheidet. Enthält die Pflanzerde im Topf viel Torf, wird sie schneller austrocknen als die Erde rundherum. Dann können die Wurzeln des neu gepflanzten Farns austrocknen, obwohl der Boden rundherum feucht ist. Um dies zu vermeiden, zieht man die Wurzeln vorsichtig auseinander, wässert das Pflanzloch und füllt es wieder mit einer Mischung aus der Gartenerde und guter, humoser Erde, etwa mit eigener Komposterde, am besten gemischt mit etwas grobem Kies (Körnung ca. 2–4 cm), um die Durchlässigkeit zu erhöhen.

Pflanzen Sie den Farn so tief, wie er im Topf gestanden hat. Da die Rhizome mancher Farne auf der Erde wachsen, mögen sie es nicht, wenn sie zu tief eingepflanzt werden. Gießen Sie im ersten Jahr gründlich und regelmäßig ein- bis zweimal in der Woche.

WURZELNACKTE FARNE PFLANZEN

Wurzelnackte Pflanzen sind oft von schlechter Qualität, weil ihre Wurzeln ohne Erde leicht austrocknen. Außerdem werden die Triebspitzen beim Transport leicht beschädigt. Am besten kauft man diese Pflanzen gar nicht erst, aber wenn man sie aus irgendwelchen Gründen doch erstanden hat, dann helfen die folgenden Ratschläge:

- Lassen Sie die Pflanzen mehrere Stunden im Wasser liegen, damit sie so viel Wasser aufnehmen wie sie können.
- Pflanzen Sie sie dann in Töpfe. Kunststoff oder ein ähnliches Material, das den Pflanzen kein Wasser wegnimmt, ist ideal.
- Lassen Sie die Pflanzen nie austrocknen, sondern halten Sie sie gleichmäßig feucht.
- Lassen Sie die Pflanzen in den Töpfen, bis sie anfangen zu wachsen. Erst dann pflanzen Sie sie im Garten aus, wie auf Seite 165 beschrieben.

KÜBELBEPFLANZUNG

Farne sind sehr ausdrucksstark und passen daher gut in Kübel. Eine Kübelsammlung kann man auf vielfältige Art gestalten und im Garten platzieren. Die Kübel können immer in den Teil des Gartens gestellt werden, wo es gerade am besten passt. Viele Farne stellen außerdem besondere Anforderungen an die Erde, damit sie gut gedeihen – ein Teil der Farne benötigt beispielsweisen alkalischen Boden. Pflanzt man sie in Kübel, kann man ihre besonderen Bedürfnisse leichter befriedigen. Wählen Sie für die Kübelerde ein Gemisch aus einem Teil Gartenerde, einem Teil Sand und zwei Teilen Kompost.

Kübel passen ausgezeichnet zu Sitzplätzen oder gepflasterten Wegen oder dorthin, wo üppige Baumwurzeln die Erde schwer zu bepflanzen machen. Auch für weniger winterharte Farnen bieten sie sich an, vorausgesetzt man hat einen Platz, an dem die Kübel frostfrei überwintern können.

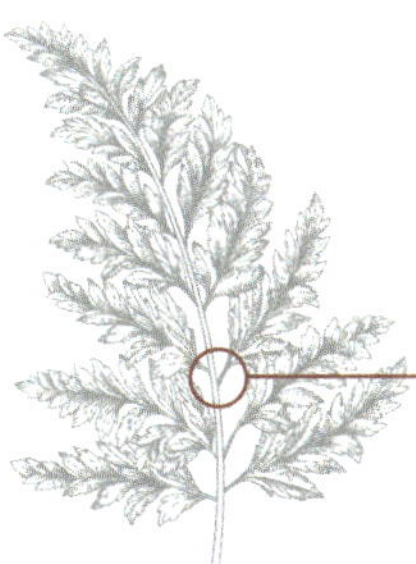

WALD-FRAUENFARN

Hochwüchsiger Farn mit fein gefiederten, zierlichen Blättern. Linné empfand seine Wachstumsart als weiblich und nannte ihn deshalb *Athyrium filix-femina* – Lateinisch «filix» (Farn) und «femina» (weiblich). Das männliche Pendant ist der kräftiger wirkende Echte Wurmfarn *Dryopteris filix mas*, auch Männerfarn genannt.

Oben: *Osmunda regalis* (Königsfarn); unten links: neu ausgetriebener Königsfarn; Mitte: *Dryopteris lepidopoda*, rechts: *Athyrium niponicum* 'Apple Court'

GARTENGESTALTUNG UND PFLANZIDEEN

GESTALTEN MIT FARNEN

Bei der Auswahl der Pflanzen und der Gestaltung des eigenen Gartens sind einige grundlegende Elemente wie Farbe, Linien, Formen, Textur und Größe zu berücksichtigen. Viele dieser Merkmale treten bei Farnen in einer besonders großen Vielfalt auf.

Farne zeigen eine reiche Palette an Farben und Formen.

FARBE

Farbe setzt Höhepunkte im Garten und ist eines der stärksten Gestaltungselemente. Die Farbwahl kann die Gestaltung verbessern, aber auch verschlechtern. Auch wenn man sich Farne in erster Linie als grüne Pflanzen vorstellt, gibt es eine unglaubliche Variation an Farben beim Austrieb der neuen Blätter im Frühling und den pelzigen Schuppen, die die jungen Triebe bedecken. Einige Farne entwickeln außerdem schöne Herbstfarben.

Farnblätter haben häufig einen grünen Grundton, der sich im Lauf des Jahres verändert. Ein gutes Beispiel dafür ist *Dryopteris erythrosora*. Seine neuen Blätter im Frühling sind bronzefarben, entwickeln aber im Lauf der Saison einen immer tieferen Grünton. Über das Jahr gesehen sind fast alle Farben vertreten.

Die Farbe kann auch je nach den Bedingungen, unter denen der Farn wächst, variieren. So sind zum Beispiel bei vielen Farnen die neuen Triebe hell und klar gefärbt, während die älteren Triebe klein und blass sind, wenn sie auf sehr mageren Böden wachsen. Wenn Sie Ihre Pflanzen gut kennen, können Sie genau den Gestaltungseffekt erzielen, den Sie wünschen.

FARBENPRÄCHTIGE FARNE

Athyrium niponicum 'Pictum' – Regenbogenfarn 'Pictum'
Athyrium niponicum 'Ghost' – Regenbogenfarn 'Ghost'
Athyrium niponicum 'Branford Beauty' – Regenbogenfarn
Athyrium otophorum var. *okanum* – Öhriger Frauenfarn
Blechnum penna-marina – Seefeder-Rippenfarn
Dryopteris erythrosora – Rotschleierfarn
Osmunda regalis 'Purpurascens' – Königsfarn 'Purpurascens'

LINIEN

Linien sind das Rückgrat der Gartengestaltung. Sie können klar und deutlich sein wie eine Hecke oder eine scharfe Kante zwischen Weg und Beet, aber auch zart und subtil. Das Laub der Farne trägt zu einer Fülle von Linien bei und verleiht dem Garten dadurch eine ganz eigene Struktur.

FORMEN

Auch die Formenvielfalt der Farne ist groß. Aufrecht wachsende Arten sorgen für Struktur und Stabilität, während Farne, deren Blätter sich zum Boden neigen, für Weichheit und eine entspannte Atmosphäre sorgen.

TEXTUR

Farne sind vielleicht die Pflanzengruppe, die die größte Vielfalt an Texturen bietet, was ein sehr wichtiges Element für die Gestaltung des Gartens ist. Unter Textur versteht man die Größe, Form und die Oberflächenbeschaffenheit der Blätter. Kombiniert man verschiedene Texturen, etwa große, grobe und feine, filigrane Blätter, entstehen spannende Kontraste.

Mithilfe von Mauern und anderen Steinelementen setzen Sie Farne wirkungsvoll in Szene.

GRÖSSE

Die Größe der Pflanzen ist wichtig, um das passende Maß und die richtigen Proportionen im Garten zu finden. Da Farne im Allgemeinen kleiner sind als andere Zierpflanzen, eignen sie sich besonders gut für die Gestaltung von Details und Blickfängen in kleineren Gärten. Wenn Sie Farnpflanzen auf größeren Flächen einsetzen wollen, sollten Sie sie in größeren Gruppen pflanzen.

Eine hevorragende Eigenschaft von Farnen ist, dass sie eine feste Größe haben, mit Ausnahme der Baumfarne wachsen sie nicht von Jahr zu Jahr weiter in die Höhe. Das erleichtert die Planung eines Gartens und die Berechnung, wie viel Platz jeder Farn im Beet benötigt, und hilft bei der Gestaltung der Beete mit Farnen.

WIEDERHOLUNG

Die Wiederholung von Farben, Formen oder Texturen ist das, was die Gartengestaltung ausmacht und den roten Faden bildet. Dazu können Sie beispielsweise eine größere Fläche mit nur einer Art bepflanzen oder eine Pflanzengruppe an mehreren Stellen des Gartens wiederholen. Einen ähnlichen Effekt erzielen Sie, indem Sie verschiedene Farnarten oder -sorten mit ähnlicher Textur kombinieren. Aber denken Sie daran, dass zu viele Wiederholungen den Garten eintönig und uninteressant wirken lassen.

BLICKFANG

Sichtachsen führen den Blick weiter in den Garten hin zu interessanten Bereichen. Gerade Linien und klare architektonische Elemente, wie zum Beispiel eine Gartenbank, ziehen den Blick schnell auf sich. Kurven und weiche Texturen hingegen wirken ruhiger. Ein Blickfang kann ein Gebäude, ein Kunstwerk oder ein Gartenmöbel am Ende eines Weges sein, aber auch einzelne Pflanzen mit auffälliger Textur oder interessante Gruppierungen von Pflanzen.

FLIESSENDE ÜBERGÄNGE

Für eine gelungene Gartengestaltung ist es wichtig, dass der Weg durch den Garten fließend ist. Es geht darum, den Besucher weiter durch den Garten zu locken – es sollte immer etwas Schönes oder Interessantes zu entdecken geben, etwas hinter der nächsten Ecke. Der Besucher kann durch Wege, Sitzgelegenheiten oder die Aussicht auf einen dahinter liegenden Freiraum, aber auch durch eine kluge Auswahl der Pflanzen zur weiteren Erforschung angeregt werden. *Polystichum setiferum* beispielsweise hat eine zarte Textur und ist nicht so mächtig. Als Beeteinfassung oder größere Gruppe im Beet lenkt er das Auge hin zu einem markanteren Gartenelement.

Zwiebelblumen sind schöne Pflanzpartner im Farngarten. Die frühen Schneeglöckchen machen sich gut zusammen mit immergrünen Farnblättern. Narzissen ergänzen die sich aufrollenden Farntriebe und Zierlauch bietet einen guten Kontrast zum zarten Grün von Straußfarnen.

Oben: Viktorianische Kachel mit Farnmotiv und ein Detail eines Springbrunnens mit einer Hirschzunge.
Mitte: Farne in Gesellschaft mit einer Magnolie und in einem steinernen Kübel.
Unten: Eine moosbewachsene Sitzbank umrahmt von Farnen.

WALDGARTEN

Viele wilde Farne haben ihren natürlichen Lebensraum in Wäldern. Daher sind Farne eine naheliegende Wahl für ein Waldgrundstück oder einen neu angelegten Waldgarten – im kleineren Maßstab oft auch Schattengarten genannt. Je nachdem, ob Sie eher laubabwerfende oder immergrüne Bäume auf Ihrem Grundstück haben, unterscheidet sich die darunter angelegte Bepflanzung.

WALDGARTEN UNTER LAUBBÄUMEN

Da Laubbäume ihre Blätter abwerfen, werden Laubwälder ab dem Spätherbst und bis zum Frühling deutlich heller als die immergrünen Wälder. Viele Farne bevorzugen Laubwälder und gedeihen dort besser im Winter, weil der Schnee leichter hindurchfallen kann und sich als schützende Decke auf die Farne legt. Außerdem können sie die Frühlingssonne im Laubwald besser nutzen. Auch während der Sommersaison fallen durch die Kronen der Laubbäume mehr Sonnenlicht und Niederschlag als in einem immergrünen Wald, was für viele Farne von Vorteil ist, da die meisten wandernden Schatten und feuchtere Böden bevorzugen.

Ein weiterer Vorteil eines mit Laubbäumen angelegten Waldgartens besteht darin, dass sich das Laub meist schneller zersetzt. Dadurch wird der Boden verbessert und speichert mehr Wasser, was wiederum den Farnen zugutekommt. Man kann das gefallene Laub selbst in den Beeten liegen lassen, wo es verrottet. Lediglich Laubsorten, die nur langsam verrotten, wie zum Beispiel Eichenlaub, muss man gut verteilen, damit die Laubdecke nicht zu dick wird und die Farne sowie die übrige Unterpflanzung ersticken oder verfaulen.

Hat man winterfeste, immergrüne Farne gepflanzt, muss man auch darauf achten, dass sie im Herbst nicht vollständig mit dem Laub bedeckt werden, denn dann kann die Pflanze im Frühling keine Fotosynthese betreiben. Fotosynthese ist für die Pflanze lebenswichtig. Dabei fängt die Pflanze das Sonnenlicht ein und wandelt mithilfe der Sonnenenergie Wasser und Kohlendioxid in Traubenzucker und Sauerstoff um.

FARNE FÜR DEN WALDGARTEN

Adiantum venustum – Himalaja-Venushaarfarn

Athyrium filix-femina – Wald-Frauenfarn

Matteuccia struthiopteris – Straußfarn

Polystichum setiferum – Borstiger Schildfarn

Dryopteris erythrosora – Rotschleierfarn

Dryopteris affinis – Schuppiger Wurmfarn

WALDGARTEN UNTER IMMERGRÜNEN BÄUMEN

Immergrüne Wälder bestehen in unseren Breiten in erster Linie aus Nadelbäumen, vor allem Tannen, Kiefern und Fichten. Im Garten kommen Wacholder oder Zypresse hinzu, in wärmeren Regionen auch immergrüne Laubbäume wie Kirschlorbeer *(Prunus laurocerasus)*.

Der Vorteil eines unter immergrünen Bäumen angelegten Waldgartens ist das dichte Kronendach. Zwar kommen weniger Sonnenlicht und Wasser auf dem Boden an, aber die dichten Kronen bilden eine isolierende Schicht im Winter und schützen das ganze Jahr über vor starken Winden. Das Klima in einem immergrünen Wald wird dadurch wesentlich milder und kann die Anzucht von weniger winterfesten Farnen erleichtern.

Wenn nur sehr geringe Mengen an Niederschlag in den Boden dringen, kann es im Waldgarten trockener werden, als es die meisten Farne vertragen. In diesem Fall muss man während der Vegetationsperiode gelegentlich wässern, insbesondere in trockenen Jahren.

Ein weiterer wichtiger Punkt ist, dass die abgeworfenen Nadeln langsamer verrotten als Blätter. Um zu vermeiden, dass die Nadelschicht zu dick wird, kann es sinnvoll sein, einen Teil der Nadeln zu entfernen und separat zu kompostieren. Sie zersetzen sich in einem Komposter schneller als auf dem Boden. Zudem wird die Komposterde durch die Nadeln leicht alkalisch, was viele Farne bevorzugen.

Sowohl Nadel- als auch Laubbäume bieten im Waldgarten Vorzüge, egal ob es sich um einen natürlichen Waldstandort oder eine angelegte Pflanzung handelt. Am besten schaut man, welche Bäume in der umgebenden Natur vorkommen und orientiert sich daran.

Bäume benötigen viel Wasser und es ist oft unvermeidlich, dass für die Pflanzen unter den Bäumen Perioden von Trockenheit entstehen. Daher eignen sich Farne mit einer gewissen Toleranz gegenüber Trockenheit besser. Trotz der Konkurrenz um Wasser und Nährstoffe sind die Bäume das tragende Element eines Waldgartens. Deshalb ist es wichtig, die Bäume zu schützen und sie mit einer gewissen Sorgfalt zu behandeln. Das Wurzelwerk eines Baumes ist oft empfindlicher, als man denkt. Schon die kleinste Beschädigung kann dazu führen, dass der Baum vor sich hin kümmert, kränkelt oder gar abstirbt. Achten Sie

darauf, den Boden unter den Bäumen nicht zu tief und nicht zu großflächig zu bearbeiten. Pflanzen Sie besser nur in kleine Bereiche, die Sie mit einem Spaten oder einer Grabgabel aufgraben. Damit verringern Sie das Risiko, das Wurzelsystem des Baumes zu beschädigen.

Auch ein naturnaher Waldgarten muss gepflegt werden, damit die für Farn- und Begleitpflanzen günstigen Bedingungen erhalten bleiben. Ein wichtiger Punkt dabei ist das regelmäßige Beschneiden der Bäume. Schneiden Sie jährlich die toten und schadhaften Äste heraus, damit mehr Licht auf den Boden fällt. Um bei den Schneidearbeiten die Farne nicht zu beschädigen, sollte man dickere Äste besser im Winterhalbjahr schneiden – außer bei Baumarten, die im Juli, August oder September geschnitten werden. Die Krone lichtet man hingegen besser im Sommer aus, wenn das Laub voll ausgeschlagen hat. Dann hat man einen besseren Überblick. Durch das Beschneiden der Krone können Sie bestimmen, wo das Licht einfällt, und das kann einen großen Einfluss darauf haben, wie die Pflanzen im Wald wahrgenommen werden. Ein schönes Licht- und Schattenspiel macht sich auf den charaktervollen Blattwedeln der Farne ausgesprochen gut.

Berücksichtigen Sie dabei auch den Verlauf der Sonne während der verschiedenen Tageszeiten und schneiden Sie so, dass den ganzen Tag über Sonnenstrahlen einfallen können. Statt die Kronen über den Wegen zu lichten, sollten Sie besser über den Pflanzungen schneiden. Besonders bei großen Farnen oder Bodendeckern erzielt der im Tagesverlauf wandernde Schatten eine wunderbare Wirkung.

Grazile Farne mit filigranen Texturen wirken in sehr hellen Waldgärten, wo das Sonnenlicht über die Blätter schimmert, am besten. Für sehr dunkle Waldgärten benötigt man Farne mit glänzenden oder großen Blättern. Große Blätter sind Blickfänge, auch wenn es etwas dunkler ist, und glänzende Blätter reflektieren das wenige einfallende Licht, sodass der Ort heller wirkt als er eigentlich ist.

Wählen Sie für einen Waldgarten Farne aus, die sowohl Schatten als auch einen relativ trockenen Boden vertragen. Viele der schattenliebenden Farne sind erstaunlich tolerant gegenüber Trockenheit. Erscheint Ihnen die Auswahl dennoch zu gering, können Sie auch Arten, die mehr Wasser benötigen, verwenden und diese dann während der Saison stoßweise wässern. Pflanzen Sie diese Arten so, dass Sie sie zum Bewässern leicht erreichen, oder setzen Sie sie in den feuchtesten Teil Ihres Waldgartens.

Manche Farne breiten sich stark aus, wenn sie sich an einem Standort wohlfühlen, und das natürlich auf Kosten anderer Pflanzen. Es ist wichtig, ein Auge auf Arten zu haben, die dazu tendieren, damit sie nicht nach und nach Ihren Garten überwuchern. Beispiele sind der Adlerfarn *(Pteridium aquilinum)* sowie der Straußfarn *(Matteuccia struthiopteris)*. Glücklicherweise gibt es genügend heimische Arten, die sich nicht ungehemmt ausbreiten. Zusammen mit exotischeren Arten bilden sie die perfekte Basis für kontrastreiche, spannende Pflanzungen.

BEPFLANZUNG DES HINTERGRUNDS

Große Farne bilden einen sehr wirkungsvollen Hintergrund eines Beetes oder entlang der Grenze zum Nachbargrundstück. Geeignete Farne sind beispielsweise der Riesen-Wurmfarn *(Dryopteris goldiana)* oder Arten der Gattung *Osmunda*. Da man Farne mit dem Wald assoziiert, kann man sie im Waldgarten auch ins Beet pflanzen und ihn dann in die umliegende Landschaft «hinauswandern» lassen. Der Straußfarn ist ein hervorragender Bodendecker in einer solchen Anlage, er kann sich aber leicht zu sehr ausbreiten und andere Pflanzen verdrängen.

STEINGARTEN

Ein Garten mit Steinen und Kies als Gestaltungselementen ist vielleicht nicht das Erste, woran man denkt, wenn von Farnen die Rede ist. Natürlich fühlen sich viele Arten an schattigeren und feuchteren Standorten wohl, aber innerhalb der riesigen Pflanzengruppe der Farne gibt es auch solche, die einen sehr trockenen und gut durchlässigen Standort mit steinigem oder felsigem Untergrund bevorzugen. Andere vertragen sowohl einen feuchten als auch einen trockenen Platz.

Steine im Garten speichern Wärme und geben sie später wieder ab. In Kombination mit dem gut durchlässigen Boden entsteht dadurch ein mildes Mikroklima im Steingarten – ein ausgezeichnetes Milieu für Farne, die nur begrenzt winterhart sind.

ANLEGEN

Wählen Sie nach Möglichkeit einen nach Norden oder Osten ausgerichteten Standort, der vor starkem Wind und intensiver Nachmittagssonne geschützt ist. Beseitigen Sie Unkraut mitsamt den Wurzeln, um den Farnen beste Voraussetzungen zum Anwachsen ohne unnötige Konkurrenten zu verschaffen. Je nach Voraussetzungen in Ihrem Garten können Sie kleine Hügel anlegen, das gibt dem Ort mehr Spannung und schafft ein noch besseres Mikroklima.

Stein- und Felsgärten mit ihrem milden Mikroklima sind ideale Orte im Garten, um weniger winterharte Farne auszuprobieren.

MATERIAL

Traditionell verwendet man für die Anlage eines Steingartens Natursteine und Kies, es können aber auch Pflastersteine, Terrakotta, Ziegel oder ähnliche Materialien verbaut werden. Der häufigste Fehler bei der Anlage eines Steingartens ist, dass er zu monoton wird. Wählen Sie Steine in unterschiedlichen Formen und kombinieren Sie verschiedene Steinelemente mit Farnen, so entsteht ein spannender und abwechslungsreicher Anblick.

Kalksteine sind die optimale Wahl für kalkliebende Farne. Sie verwittern außerdem langsam und reichern die Erde für lange Zeit mit Kalk an.

BODENVORBEREITUNG

Für den Steingarten geeignete Farne gedeihen in trockener Umgebung und verfaulen leicht, wenn sie im Wasser stehen. Verwenden Sie daher gut durchlässigen Boden. Sie können dazu nährstoffreichere Erde mit sauberem Sand mischen. Verwenden Sie keine Erde mit zu viel Humus, da sie zu viel Wasser speichert.

PFLANZUNG

Pflanzen aus dem Versandhandel oder einer Gärtnerei sind oft in nährstoffhaltiger Pflanzerde kultiviert, was zum Problem wird, wenn sie in einem kargen, trockenen Steingarten ausgepflanzt werden. Spülen Sie deshalb die Pflanzerde vorsichtig ab, bevor Sie die Pflanze im Steingarten einpflanzen.

Graben Sie ein Loch zwischen den Steinen, tief genug für den Ballen und so breit, dass die Wurzeln locker Platz haben. Füllen Sie das Pflanzloch mit Wasser und warten Sie, bis es versickert ist, bevor Sie den Farn einpflanzen und mit Erde auffüllen. Pflanzen Sie den Farn genauso tief, wie er im Topf gewachsen ist. Die obersten Zentimeter können Sie mit grobem Kies bedecken – das hindert das Wachsen von Unkraut und schafft gleichzeitig ein gut durchlässiges Milieu.

Lithophyten (siehe S. 184) kann man auch direkt auf eine Mauer oder einen Stein pflanzen. Tüpfelfarne beispielsweise zählen zu diesen Pflanzen, die direkt auf Stein wachsen. Füllen Sie etwas Erde in einen Spalt und pflanzen Sie den Farn dort ein. Decken Sie die Erde dann mit Moos ab, um die Feuchtigkeit zu erhalten, und gießen Sie regelmäßig, bis die Pflanze angewachsen ist und ihr Wurzelsystem entwickelt hat. Sie können kleine Steine oder Kies auf das Moos legen, um es an seinem Platz zu sichern.

FARNE FÜR DEN STEINGARTEN

Adiantum aleuticum – Pfauenradfarn
Asplenium scolopendrium – Hirschzunge
Asplenium trichomanes – Braunstieliger Streifenfarn
Blechnum penna-marina – Seefeder-Rippenfarn
Polypodium vulgare – Gewöhnlicher Tüpfelfarn

BRAUNSTIELIGER STREIFENFARN

Kleiner, niedrig wachsender Farn, der im ganzen deutschsprachigen Raum weit verbreitet ist. Er wächst im Halbschatten von Felsspalten und auf Steinmauern und eignet sich für die steinigen Partien im Garten.

Der Artname *Asplenium trichomanes* bedeutet «mit dünnem Haar» und ist aus dem Griechischen abgeleitet von «trix» für Haar und «manes» für dünn, verwachsen. Die Fiedern fallen einzeln von den Blattspindeln, die leeren Blattspindeln bleiben den Winter über erhalten.

MAUERRAUTE

ASPLENIUM RUTA-MURARIA

LICHT
sonnig bis halbschattig

WASSER
verträgt Trockenheit

BODEN
ausschließlich auf kalkhaltigen Böden und in Mauer- und Felsspalten

EPIPHYTISCHE FARNE
Platycerium bifurcatum – Geweihfarn
Davallia mariesii
Aglaomorpha meyeniana

EPIPHYTEN UND LITHOPHYTEN

Im Gegensatz zu den Bodenfarnen, die hauptsächlich in Wäldern und Freiflächen stehen, wachsen epiphytische Farne auf anderen Pflanzen. Ihre Wurzeln finden in der dünnen Schicht verrotteter organischer Stoffe Halt, die sich beispielsweise auf Ästen oder Baumstümpfen ablagern. Häufig liegt eine schützende Moosschicht, die die Feuchtigkeit speichert, darüber.

Pflanzen, die direkt auf Steinen oder Felsen leben, werden oft fälschlicherweise als Epiphyten bezeichnet, sie sind aber eigentlich Lithophyten – die meisten ähneln in ihrem Wachstum allerdings den epiphytischen Pflanzen. Sowohl litho- als auch epiphytische Farne sind nicht ganz einfach im Garten anzusiedeln, aber wenn man sie in gut durchlässige Erde pflanzt, gedeihen sie meistens – zu viel Feuchtigkeit mögen sie nicht. Am sichersten ist es vielleicht, die Pflanze direkt an einen Baumstumpf zu pflanzen und den Farn von selbst am Stumpf hochwachsen zu lassen.

AM WASSER

Viele Farne gedeihen an feuchten Standorten, aber nur wenige kommen mit wirklich nassen Böden zurecht. Die meisten der Arten, die viel Nässe vertragen, gedeihen am besten am Teichrand, nur wenige können direkt im Wasser stehen. Darüber hinaus sind sie äußerst pflegeleicht und anspruchslos.

Für einen kleineren Teich ist es ratsam, Arten zu wählen, die zwar dichte Bestände bilden, sich aber nicht so stark ausbreiten, wie zum Beispiel *Osmunda regalis*, der auch direkt im Teich stehen kann. Für etwas größere Bereiche oder Plätze, die manchmal überschwemmt werden oder sumpfig sind, ist ein sich schnell ausbreitender Farn ideal, beispielsweise der Straußfarn *(Matteuccia struthiopteris)*. Er breitet sich mithilfe seiner Rhizome aus und kann in kurzer Zeit ein größeres Gebiet bewachsen. An anderen Stellen Im Garten mag genau diese Eigenschaft problematisch sein, aber hier hilft er, den Boden zu binden und auszutrocknen. Zusammen mit anderen Wasserpflanzen können sich fantastische Arrangements ergeben.

FARNE AM WASSER

Athyrium filix-femina – Wald-Frauenfarn

Dryopteris cristata – Kamm-Wurmfarn

Matteuccia struthiopteris – Straußfarn

Onoclea sensibilis – Perlfarn

Osmunda regalis – Königsfarn

Thelypteris palustris – Sumpffarn

Oben: Teiche mit Baumfarnen in *Trebah Garden* in Cornwall.

BAUMFARNE

Wenn ganz gewöhnliche Farne schon urzeitlich wirken, ist das nichts gegen den Eindruck, den man bei einem Spaziergang durch eine Anlage mit Baumfarnen bekommt. Im Schatten der der großen Farnblätter meint man fast, das Gebrüll von Dinosauriern zu hören. Es ist, als wandere man in einem dieser riesigen, längst ausgestorbenen Wälder, die vor langer Zeit einmal unseren Planeten bedeckt haben.

Leider sind Baumfarne nicht besonders winterfest und nur wenige gedeihen im Freien in Gebieten, in denen Frost zu erwarten ist. Wenn Sie sich diese Pflanzen anschauen möchten, lohnt sich der Besuch eines botanischen Gartens. Manchmal finden sich dort sogar ganze Gewächshäuser, die eigens den Baumfarnen gewidmet sind.

Einen *Dicksonia antarctica* im eigenen Garten zu pflanzen, ist eine unsichere Sache, kann aber in besonders warmen Regionen an einem geschützten Standort einen Versuch wert sein.

PFLANZUNG

- Die besten Aussichten auf Erfolg hat man, wenn der Baumfarn in humosen Boden gepflanzt wird, der die Feuchtigkeit gut hält.
- Pflanzen Sie den Baumfarn in eine geschützte Lage im Halbschatten. *Dicksonia* verträgt direkte Sonneneinstrahlung am Morgen, kann aber in der heißen Nachmittagssonne verbrennen und austrocknen.
- Pflanzen Sie am besten früh in der Saison, wenn der Baumfarn noch Winterruhe hält und die Blätter noch nicht ausgetrieben sind.
- Setzen Sie den Baumfarn so tief in die Erde, wie er im Topf stand.
- Gießen Sie jeden Tag nach dem Einpflanzen, bis sich die Pflanze etabliert hat, das heißt, wenn sich das Wurzelsystem und die Blätter entwickelt haben.

BEWÄSSERUNG

Baumfarne sind sehr empfindlich gegen Austrocknung und benötigen eine regelmäßige, ausgiebige Bewässerung, um zu überleben. Der Stamm ist eigentlich ihr Rhizom und die feinen Haare darauf sind eine dünne Wurzelschicht. Deshalb ist es extrem wichtig, nicht nur die umgebende Erde, sondern auch den Stamm zu gießen, damit die freiliegenden Wurzeln nicht austrocknen. Es empfiehlt sich, sie zumindest bei warmem, trockenem Wetter mehrmals täglich abzuduschen. Ein Rieselschlauch, um den Stamm bis unter die Blätter gewickelt, kann dabei ein gutes Hilfsmittel sein. Hält man den Stamm ständig feucht, wächst die Pflanze besser und der Baumfarn wird nicht nur höher, sondern entwickelt auch größere Blätter.

Dünger ist nur selten notwendig, die Erde mit Kompost anzureichern, ist meist genug. Sollte trotzdem zusätzlich gedüngt werden, muss dies früh in der Saison erfolgen. Düngt man zu spät im Sommer, kann es sein, dass der Baumfarn den Winter nicht überlebt.

WINTERSCHUTZ

In Gebieten mit milden Wintern kann ein Winterschutz ausreichen, damit der Baumfarn den Winter im Freien übersteht. Der empfindlichste Teil von *Dicksonia antarctica* ist der Bereich an der Spitze des Stammes und der Bereich an der Unterseite der «Blattvase», wo sich die Blätter des nächsten Jahres bilden. Wenn sich zu viel Feuchtigkeit in der «Blattvase» sammelt, besteht die Gefahr, dass sich das Rhizom zu sehr mit Wasser vollsaugt und verfault.

Blätter (links), Rhizom (Mitte) und Blatt (rechts) von *Dicksonia antarctica*

WINTERSCHUTZ FÜR BAUMFARNE

- Am besten schützen Sie *Dicksonia*, indem Sie die «Blattvase» mit Stroh füllen und dann die Blätter bogenförmig zusammenbinden, damit das Stroh nicht verrutscht.
- Wickeln Sie das Rhizom in Sacktuch ein. Steht der Baumfarn in geschützter Lage, kann er so Temperaturen bis zu –10 °C aushalten.
- In Gegenden, in denen es noch kälter wird oder wo Gefahr starker Schneefälle herrscht, ist es am besten, den Baumfarn auszugraben, die Blätter zurückzuschneiden und die Pflanze in einem kalten, aber frostfreien Schuppen oder in der Garage zu überwintern. Das Wachstum im nächsten Jahr wird schlechter sein und die Blätter kleiner, aber das ist es wert, wenn die Pflanze überlebt.

FARNTISCH

In alten viktorianischen Gärten gab es oft kleine Farntische mit «Waldimitationen». Diese eignen sich auch in unserer Zeit hervorragend zur Nachahmung, wenn der eigene Garten für einen richtigen Waldgarten zu klein ist, man aber gern diese Stimmung im Garten erzeugen möchte. Ein Farntisch ist, wie der Name schon sagt, ein Tisch, auf dem Farne zusammen mit ausgewählten schönen Steinen und Zweigen arrangiert werden.

- Die einfachste Konstruktion ist ein stabiler Gartentisch. Er sollte möglichst aus Stein sein – wegen der Haltbarkeit – und mit einer niedrigen Kante eingefasst sein, um den Pflanzen Halt zu geben. Wichtig ist auch, dass die Unterlage eine Art Drainage hat, damit das überschüssige Wasser ablaufen kann.
- Der Tisch muss ausreichend groß sein, damit die Pflanzen nicht so leicht austrocknen, mindestens 60 × 60 cm. Er sollte aber auch nicht breiter als 120 cm sein, sonst wird es zu schwierig, von allen Seiten zu gießen und Unkraut zu jäten.
- Bauen Sie den Tisch an Ort und Stelle im Garten auf und bepflanzen Sie ihn dann, später wird er zu schwer zum Tragen sein. Die verwendete Erdmischung sollte Feuchtigkeit speichernd, aber gleichzeitig leicht und luftig sein, damit genügend Luft zu den Wurzeln vordringen kann. Mit Komposterde gemischt mit Rindenmulch und Sand erzielt man gute Ergebnisse.
- Legen Sie die Steine und Zweige entlang der Kanten, damit die Erde beim Bewässern oder bei Regen nicht herausläuft. Füllen Sie dann den Bereich in der Mitte mit Erde auf und pflanzen Sie die Farne ein.
- Schütten Sie die Erde mindestens 20–30 cm hoch auf, damit die Farne und alle anderen Pflanzen gut wachsen und gedeihen.

TIPPS:

Versuchen Sie, Zweige, Steine und andere Elemente aus Ihrem eigenen Garten oder aus der umliegenden Natur zu verwenden. Auf diese Weise fügt sich das Arrangement in den Garten ein und das Ergebnis ist meist besser.

- Verwenden Sie Materialien mit viel Charakter, wie z. B. einen knorrigen Ast oder einen Stein mit schönen Farbverläufen.
- Mischen Sie nicht zu viele Stile und Elemente – sonst wirkt die Gestaltung unübersichtlich.
- Ordnen Sie Zweige und Steine nicht wahllos, sondern in Gruppen an, so schaffen Sie Ruhe im Arrangement.
- Verwenden Sie kleine Farne als Rahmen und nur ein oder zwei größere, um einen auffälligen Blickfang zu schaffen.
- Mischen Sie einige andere Pflanzen hinzu, z. B. eine kleinere Funkienart, um die Bepflanzung spannender zu gestalten.

Trebah Garden

STUMPFGARTEN

Ein Stumpfgarten (engl. «stumpery») nach alter viktorianischer Art kann ein einzigartiger, spannender Teil des Gartens werden und ist nicht schwer anzulegen. Im Prinzip handelt es sich um einen Totholzgarten, aber Baumstümpfe lassen sich durch die zahlreichen Vertiefungen und die Form des Wurzelgeflechts besonders gut mit Farnen bepflanzen. Der perfekte Platz ist ein schattiger Bereich im Garten.

Dieser besondere Garten ist nicht nur ein perfekter Lebensraum für Farne – er trägt auch zu einer großen Artenvielfalt im Garten bei, denn die Baumstümpfe bieten viel Platz für Insekten und andere Tiere. Pilze und Bakterien leben auf oder an den Baumstümpfen und erhöhen die mikrobielle Aktivität. Zusammengenommen tragen all diese Faktoren zu einem gesünderen Ökosystem und damit einem gesünderen Garten bei.

ANLEGEN

- Um einen Stumpfgarten anzulegen, kann man alle Arten von Baumresten verwenden. Die besten Ergebnisse erzielt man aber mit gut abgetrockneten Stümpfen von Baumarten, deren Holz nicht so leicht verrottet.
- Strahlen Sie die Baumstümpfe mit einem Hochdruckreiniger ab, um die Erde zu entfernen und den Charakter des Stumpfs zur Geltung zu bringen.
- Traditionell gräbt man die Stümpfe mit den Wurzeln nach oben ganz leicht ein, damit sie einem Miniaturgarten ähneln. Genauso gut kann man den Baumstumpf mit den Wurzeln in der Erde belassen – oder bei Bedarf auch beide Formen mischen. Verwendet man verschiedene Baumarten, die unterschiedlich schnell verrotten, verstärkt sich der Eindruck eines alten natürlichen Waldes noch mehr.
- Füllen Sie die Zwischenräume zwischen den Stümpfen mit Kompost oder einer anderen humusreichen Erde auf. Nach einigen Monaten setzt sich die Erde leicht ab und hinterlässt Hohlräume, die dann regelmäßig aufgefüllt werden sollten.
- Pflanzen Sie die Farne ein und ergänzen Sie andere Schattengewächse, wie zum Beispiel Funkien und Moose.

Unten links: Perlfarn
Mitte: Baumstumpfgarten in Savill Garden
Rechts: Broughton Grange Gardens

BODENDECKER

Für Pflanzenliebhaber:innen, die die Vielfalt schätzen, ist es manchmal eine Herausforderung, einen einheitlichen Gestaltungsansatz für den Garten zu finden. Leicht werden es zu viele verschiedene Pflanzen und die Gestaltung wirkt konfus und unzusammenhängend. Wenn man eine Fülle von Pflanzen haben möchte, ist es daher wichtig, mit einem verbindenden Element zu arbeiten, einem roten Faden, der sich durch die Bepflanzung zieht.

Es gibt viele Tricks, um dies zu erreichen. Sie können Gewächse mit Formschnitt verwenden, mit Heckenpflanzen den Beeten einen Hintergrund verleihen oder Pflanzen in mehreren großen Gruppen im Beet wiederholen. Bodendecker schaffen auf effektive Art das verbindende Element für eine Pflanzung. Sie vernetzen das Beet und geben ihm damit einen Ruhepunkt, auch wenn es viele unterschiedliche Pflanzen enthält. Geschickt kombiniert heben Bodendecker die übrigen Pflanzen im Beet hervor.

Bodendecker neigen jedoch dazu, sich auszubreiten. Achten Sie bei der Auswahl der Pflanzen darauf, dass sie andere Pflanzen nicht verdrängen. Auch viele Farne eignen sich als Bodendecker – manche Arten breiten sich behutsam aus, andere wie der Straußfarn neigen zum Wuchern. Arten, die sich schnell ausbreiten, sind weniger geeignet für ein Beet, passen aber ausgezeichnet an die Grundstücksgrenzen oder auch an einen Hang, der ansonsten schwer zu bepflanzen ist.

FARNE ALS BODENDECKER

Blechnum chilense (benötigt Winterschutz)
Blechnum penna-marina –Seefeder-Rippenfarn
Dennstaedtia punctilobula
Gymnocarpium dryopteris – Eichenfarn
Matteuccia struthiopteris – Straußfarn
Onoclea sensibilis – Perlfarn

DER FORMALE GARTEN

Für diejenigen, die einen formalen Garten anlegen wollen, gibt es viele nützliche Farne. Mit ihren klaren, symmetrischen Formen passen sie gut in diese eher strenge Atmosphäre. Gleichzeitig wirken sie elegant und können die geraden Linien eines formalen Gartens auflockern. Bei dieser Art von Garten ist es wichtig, dass sich die Pflanzen nicht zu sehr ausbreiten und vermischen, damit Ordnung und Übersichtlichkeit erhalten bleiben. Wählen Sie daher Farne, die dichte Bestände bilden, aber nicht zu sehr wuchern.

FARNE FÜR FORMALE GÄRTEN

Polystichum polyblepharum – Japanischer Schildfarn

Dryopteris filix-mas – Echter Wurmfarn

Dryopteris filix-mas 'Barnesii' – Echter Wurmfarn 'Barnesii'

Dryopteris affinis – Schuppiger Wurmfarn

Dryopteris affinis 'Cristata' – Schuppiger-Wurmfarn 'Cristata'

Hidcote Manor Garden

PFLANZLICHE BEGLEITER FÜR FARNE

Das Schöne an Farnen im Garten ist, dass sie für sich allein wirken, aber auch Pflanzungen miteinander verbinden und andere Pflanzen zum Strahlen bringen. Und weil Farne eine so vielseitige Pflanzengruppe sind, findet man für alle Bereiche des Gartens schöne Begleitpflanzen. Die folgenden Pflanzen eignen sich gut als Begleiter der Farne.

STEINBRECH *(SAXIFRAGA)*

Viele Farne, wie zum Beispiel die Hirschzunge oder der Braunstielige Streifenfarn, eignen sich ausgezeichnet für trockene, magere und sonnige Plätze wie Mauern oder Steingärten. Da diese Arten recht niedrig bleiben, empfiehlt es sich, keine Begleitpflanzen auszusuchen, die zu groß werden und den Farn verdecken würden.

Steinbrechgewächse *(Saxifraga)* sind ausgesprochene Steingartenpflanzen, die meisten werden 15–40 cm hoch und damit nicht zu groß. Mit ihrer teppich- oder horstbildenden Wuchsform passen sie gut in Beete mit Farnen. Außerdem blühen sie üppig und wenn man die verblühten Stängel herausschneidet, dehnt sich die Blütezeit auf den ganzen Sommer aus, was einen herrlichen Farbklecks im Grün der Farne bildet.

Geeignete Steinbrecharten
Saxifraga × arendsii – Moos-Steinbrech
Saxifraga granulata – Knöllchen-Steinbrech

FUNKIEN *(HOSTA)*

Auch Funkien lassen sich gut mit Farnen kombinieren. Ihre teils imposanten Blätter schaffen einen guten Kontrast zu den grazilen Farnwedeln. Es gibt Funkiensorten mit den unterschiedlichsten Blattfarben, die die Grüntöne der Farne schön ergänzen. Funkien wie auch Farne benötigen relativ wenig Pflege, was die Beete besonders pflegeleicht macht.

Am besten wirken große Funkien zusammen mit großen Farnen – das schafft wunderbar spannende Effekte. Kleinere Farne kombiniert man besser mit kleinen Funkien, da die großen Funkienblätter die Farne sonst überwuchern. Kleine Funkien sind auch perfekte Begleitpflanzen für Farne in Töpfen, Kübeln oder auf einem Farntisch.

ELFENBLUME *(EPIMEDIUM)*

Die Elfenblume bildet kleine, filigrane Blüten, die kaum auffallen. Inzwischen gibt es aber auch großblütige Sorten in leuchtenderen Farben. Die Blüten erscheinen meist im Frühling oder Frühsommer. Die Elfenblume ist aber in erster Linie wegen ihrer schönen Blätter von Interesse. Besonders die jungen Blätter sind unglaublich schön. Es gibt Sorten mit verschiedenen Blattfarben und auch solche, die sich im Herbst hübsch verfärben.

Die Elfenblume verbreitet sich langsam, aber wenn sie gut angewachsen ist, wird sie ein sehr effektiver Bodendecker und bildet mit ihren rotgrünen Blattfarben eine hübsche Ergänzung zu den Farnen, sowohl im formalen Garten als auch im Waldgarten. Sie gedeiht an den meisten Standorten, solange eine ausreichende Drainage vorhanden ist.

CHRISTROSEN *(HELLEBORUS NIGER)*

Bei Christrosen denkt man vor allem an ihre herrlichen Blüten im Winter oder zeitigen Frühling. Dabei vergisst man schnell die wunderschönen, frisch grünen Blätter, die während der ganzen Saison eine gelungene Ergänzung zu den Farnen im Schattenbeet bilden.

Christrosen machen sich neben den zartgrünen Blättern des Frauenfarns oder den dunkelbraunen, schuppigen Stielen des Borstigen Schildfarns besonders gut. Beachten Sie aber, dass Christrosen eine sehr geschützte Lage brauchen. Schützen Sie sie vor direkter Sonneneinstrahlung und starkem Wind, dann bringen sie ihr ganzes Potenzial zur Geltung.

PRIMELN *(PRIMULA)*

Nur wenige Blumen erinnern so an den Frühling und Frühsommer wie Primeln. Auch sie bilden eine schöne Begleitung zu wintergrünen Farnen – besonders wenn sich die frischen Farnwedel im Frühjahr langsam entrollen. Primeln blühen äußerst lang und es gibt sie in fast unendlich vielen Farbvariationen.

Weder Primeln noch Farne mögen zu starken Sonnenschein, aber solange das Beet zur Mittags- oder Nachmittagszeit nicht in der Sonne liegt, kommen beide gut zurecht. Am besten gedeihen Farne und Primeln aber im Halbschatten. Sie brauchen einen Boden mit guter Wasserspeicherfähigkeit, der dennoch durchlässig ist. In trockenen Perioden ist regelmäßiges Gießen wichtig.

Vor dem grünen Hintergrund der Farne kommen die leuchtenden Blüten der Begleitpflanzen besonders gut zur Geltung.

RHODODENDREN *(RHODODENDRON)*

Die berühmte britische Gartenexpertin Gertrude Jekyll pflegte zu sagen, dass die Menschen oft vergessen würden, wie wichtig die Farbe Grün im Garten sei. Sie kombinierte häufig Rhododendren mit Farnen, um einen Kontrast zwischen dem zarten Grün der Farne und den dunkelgrünen Blättern der Rhododendren zu erzeugen. Mit dergleichen Strategie verband sie auf schöne und nahtlose Weise einen eher formalen Gartenteil mit einem wilderen Waldteil. Da Farne gut in beide Gestaltungen passen, bilden sie eine unkomplizierte «Übergangspflanze».

Gertrude Jekyll setzte auch Lilien dazwischen, um einen Farbklecks für ihre Sommerkompositionen zu erhalten, und im Frühling sorgten Maiglöckchen für helle Farbtupfer, bevor die Rhododendronblüte einsetzte. Übrigens sind Maiglöckchen genauso wie Schneeglöckchen ausgezeichnete Begleitpflanzen für Farne. Sie wurzeln an der Oberfläche, während Farnwurzeln mehr in die Tiefe gehen, daher konkurrieren beide nur minimal um Wasser und Nahrung.

LILIEN *(LILIUM)*

Es kann schwierig sein, passende Begleiter zu Lilien zu finden. Sie sind wunderschön, aber ihre Zwiebeln nehmen schnell Schaden, wenn man in der Erde gräbt. Außerdem müssen die meisten Pflanzen in regelmäßigen Abständen geteilt werden, um vital zu bleiben.

Auch hier sind Farne einmal mehr die Retter in der Not. Genau wie Lilien mögen sie feuchte Standorte im Halbschatten. Sie müssen auch

nicht geteilt werden, sondern gedeihen am besten, wenn sie in Ruhe ihre Rhizome ausbreiten dürfen – das verursacht wenig Arbeit und ist schonender für die Zwiebeln der Lilien. Achten Sie lediglich darauf, dass die Farne ausreichend Platz bekommen, damit sie nicht zu sehr mit anderen Pflanzen konkurrieren müssen.

Verwenden Sie am besten bekannte einheimische Farne wie den Straußfarn oder den Frauenfarn. Mit ihrem hohen, aufrechten Wuchs verdecken sie elegant die langen blattlosen Stiele der Lilien. Außerdem bilden sie einen schönen grünen Hintergrund für die leuchtend bunten Blüten.

ANDERE ZWIEBELGEWÄCHSE

Ein Beet, das zu weiten Teilen aus Farnen besteht, kann im Frühling, bevor die jungen Farnblätter sich entrollt haben, kahl und trist aussehen. Deshalb ist es eine gute Idee, viele Zwiebelblumen für den Frühling ins Farnbeet zu setzen. Kombinieren Sie Frühblüher wie Schneeglöckchen mit Zwiebelblumen, die etwas später blühen und vielleicht auch etwas größer sind – sie bilden schöne Begleitpflanzen, wenn sich die ersten Wedel der Farne entrollen.

GROSSE BLÄTTER

Große Pflanzen mit großen Blättern sind für sich genommen oft schon eindrucksvoll, in Kombination mit zierlichen, anmutigen Farnarten entsteht ein spannender Kontrast im Garten. Große Blätter sind zudem ein hervorragender Blickfang. Geeignet sind zum Beispiel *Rodgersia*-Arten, *Diphylleia cymosa* (Schirmblatt) oder *Aralia cordata*. Pflanzen Sie aber nicht zu viele Blattschmuckpflanzen – sie stehlen sonst den übrigen Beetbewohnern die Show.

SCHATTENPFLANZEN

Pflanzen, die sich in den schattigeren Teilen des Gartens wohlfühlen, bilden oft runde oder herzförmige und recht große Blätter. Sie haben sich an ein Leben mit weniger Sonnenlicht angepasst, indem sie mit besonders großen Blättern das wenige vorhandene Licht ausnutzen. Die runden Blattformen bilden das genaue Gegenteil zu Farnblättern, was einen hübschen Kontrast schafft.

Viele Pflanzen sind dafür geeignet. Als Beispiele seien genannt: *Brunnera macrophylla* (Kaukasusvergissmeinnicht), *Asarum europaeum* (Europäische Haselwurz), *Beesia calthifolia* oder *Saruma henryi* (Herzblattwurz). Die beiden letzten Arten sind etwas in Vergessenheit geraten, sind aber fantastische Pflanzen für den Waldgarten.

GRÄSER

Auch Gräser können schöne Partner für Farne sein. Ihre schmalen, nach oben strebenden Halme schaffen einen guten Kontrast zu den Farnblättern und bringen gleichzeitig Bewegung in den Garten, wenn sich die Gräser im Wind wiegen.

Überhaupt sind Pflanzen mit aufrechtem Wuchs gut mit Farnen zu kombinieren. Mit ihren horizontalen Blattlinien bilden Farne einen schönen Kontrast zu allem, das vertikal wächst. Dies kann beispielsweise ein Gras wie *Miscanthus sinensis* (Chinaschilf) sein oder auch eine aufrechte Staude wie eine *Actaea*- bzw. *Cimicifuga*-Art (Silberkerze oder Christophskraut genannt), *Polemonium caeruleum* (Himmelsleiter) oder ein Vertreter aus der Gattung *Polygonatum* (Salomonssiegel).

Davallia griffithiana

FARNE ALS TOPFPFLANZEN

Früher waren Farne in erster Linie Zimmerpflanzen. Man stellte sie gern in schöne Übertöpfe mit Farndekor an ein Nordfenster oder auf einen Hocker ein Stück in den Raum hinein. Heute wissen wir, dass die meisten Farne im Haus einen etwas helleren Standort bevorzugen, aber es gibt auch solche, die einen etwas dunkleren Platz vertragen, wie zum Beispiel bestimmte Sorten des Schwertfarns.

Bis in die 1970er-Jahre war der Farn eine populäre Zimmerpflanze, dann bekam er einen etwas altmodischen Ruf als «Omapflanze». Inzwischen ist das Interesse wieder gewachsen und einmal mehr entwickelt er sich wieder zur trendigen Zimmerpflanze im modernen Interieur.

Farne sind in der Regel äußerst pflegeleicht, außerdem reinigen und befeuchten sie die Luft, was sie zu ausgezeichneten Zimmerbewohnern macht, besonders im Winter bei Heizungsluft. Viele neue Sorten, die es im Gartenfachhandel heute gibt, vertragen das Klima im Haus besser als die alten Sorten, deren Blätter oft schnell vergilbten oder verwelkten.

Links: *Microsorum punctatum* 'Crocodyllus'
Unten: Sammlung von Farnen als Topfpflanzen fürs Haus.

1

2

3

4

5

6

7

8

9

1. *Pteris quadriaurita* 'Tricolor'
2. *Adiantum raddianum* 'Variegated Pacottii'
3. *Polystichum setiferum* 'Plumosomultilobum'
4. *Asplenium nidus* 'Crispy Wave'
5. *Adiantum venustum*, Himalaja-Venushaarfarn
6. *Platycerium bifurcatum*, Geweihfarn
7. *Nephrolepis exaltata*, Schwertfarn
8. *Dennstaedtia davallioides*
9. *Davallia tyermanii*

ATTRAKTIV UND PFLEGELEICHT

Aufgrund seiner attraktiven Blattformen und seiner anspruchslosen Schönheit ist der Farn eine beliebte Topfpflanze. Ob im Haus, im Wintergarten oder im Gewächshaus, Farne haben einen entscheidenden Vorteil gegenüber vielen anderen Pflanzen: Sie gedeihen im Schatten, was sie unglaublich nützlich macht. Sie können dort stehen, wo andere Pflanzen nicht überdauern. Viele Farne wie *Adiantum* und *Davallia* sind auch als Schnittblumen in Sträußen eine Bereicherung.

FARNE MIT UNTERSCHIEDLICHEN ANSPRÜCHEN

Farne kommen überall auf der Welt unter den unterschiedlichsten Wachstumsbedingungen vor. Welche Vorlieben ein Farn in Bezug auf Licht und Wasser hat, richtet sich nach dem Standort, an dem er heimisch ist. Die Zimmerfarne lassen sich in zwei Hauptgruppen einteilen: Arten aus tropischen und solche aus gemäßigten Regionen.

FARNE AUS TROPISCHEN REGIONEN

Diese Farne benötigen eine Innentemperatur von ungefähr 18–20 °C, um sich optimal zu entwickeln. Sie sollten deshalb nur im Haus stehen oder in einem Wintergarten, der den ganzen Winter über beheizt wird.

FARNE AUS GEMÄSSIGTEN ZONEN

Diese Farne benötigen im Winter eine Temperatur von 5–10 °C. Sie können im Sommer draußen stehen und im Winter in einen kühlen, aber frostfreien Raum umziehen. Arten, die sowohl in tropischen als auch in gemäßigten Regionen heimisch sind, können die Wintermonate sowohl im Haus als auch in einem kühleren Winterquartier verbringen.

Geranien und *Adiantum* sind eine schöne Kombination.

PFLANZEN UND DÜNGEN

Wählen Sie für den Farn einen geeigneten Platz. Je nach Art und Sorte muss dieser schattiger oder heller sein. Denken Sie auch daran, dass viele Farne nicht im direkten Sonnenlicht stehen wollen. Farne sollte man in Töpfe mit leichter, lockerer und humoser Erde pflanzen. Sie gedeihen unter feuchten Bedingungen, mögen es aber nicht, wenn sie im Wasser stehen. Es ist wichtig, dass die Erde gut durchlässig ist und die Töpfe ein Loch haben, damit überschüssiges Wasser abfließen kann. Düngen Sie im Sommerhalbjahr mit schwach dosiertem Flüssigdünger; im Winterhalbjahr sollte nicht gedüngt werden.

UMTOPFEN

Farne können das ganze Jahr hindurch umgetopft werden, am besten geschieht dies aber im Frühling, bevor die Wachstumsperiode beginnt. Jungpflanzen sollten zwei- bis viermal im Jahr umgetopft werden, damit sie sich gut entwickeln können. Größere Exemplare topft man nur einmal jährlich um.

Baumfarne oder andere große Arten, die in großen Töpfen oder Kübeln stehen, kommen oft einige Jahre ohne Umpflanzen aus, solange man die Erde im Frühling mit Kompost anreichert. Wenn sie umgetopft werden, muss man vorsichtig sein, damit ihre Wurzeln nicht beschädigt werden.

GIESSEN

Während des Winters gehen Farne in eine Ruhephase und sollten daher, wie viele andere Zimmerpflanzen auch, nur sehr wenig gegossen werden. Im Sommer sollten sie jedoch wöchentlich gut gewässert werden. Lassen Sie die Erde zwischen den Wassergaben leicht antrocknen. Farne, insbesondere solche aus tropischen Gebieten, gedeihen bei hoher Luftfeuchtigkeit und können über ihre Blätter Wasser aufnehmen. Es empfiehlt sich daher, während der Wachstumsperiode die Blätter mit Wasser zu besprühen, am besten einmal täglich.

FARNE ALS TOPFPFLANZEN

***Adiantum capillus-veneris* – Echter Frauenhaarfarn**
Dekorative, dicht wachsende Pflanze mit zarten Blättern an schwarzen Stielen. Gedeiht in warmer Umgebung nicht unter 12 °C.

***Platycerium bifurcatum* – Geweihfarn**
Typische Zimmerpflanze, deren Blätter einem Geweih ähneln, daher der Name. Sie mag einen hellen Platz, aber kein direktes Sonnenlicht. Der Geweihfarn benötigt relativ hohe Luftfeuchtigkeit, deshalb ist es wichtig, die Pflanze regelmäßig einzusprühen oder ins Badezimmer zu stellen, wo die Luftfeuchtigkeit höher ist.

***Davallia trichomanoides* – Eichhörnchenfuß**
Hübsche Topfpflanze mit hohem Schmuckwert, bei der die behaarten Luftwurzeln wie Tatzen aus dem Topf kriechen. Sie gedeiht bei Zimmertemperatur in heller Lage. Im Sommer kann sie auch draußen im Halbschatten stehen, muss aber während der Wintermonate im Haus überwintern.

Blechnum gibbum
Schöner Rippenfarn mit dichten, gleichmäßig gefiederten Wedeln. Mag einen hellen, warmen Platz im Haus, am besten mit hoher Luftfeuchtigkeit.

***Pteris cretica* – Kretischer Saumfarn**
Schöner Farn mit zarten Blättern. Die schönsten Farben erhalten die Blätter, wenn er an einem hellen Platz steht. Wichtig ist eine gleichmäßige und regelmäßige Bewässerung, denn der Saumfarn ist empfindlich gegen Austrocknen und Staunässe.

Nephrolepis cordifolia
Zarte, dekorative Schwertfarnart, die einen hellen Standort und hohe Luftfeuchtigkeit benötigt. Sie dankt es, wenn man sie regelmäßig einsprüht oder abbraust.

BESONDERE EXOTEN

Nephrolepis exaltata
Dieser exotische Schwertfarn wurde bereits 1794 in England eingeführt. Auch bei uns gilt er als klassischer, pflegeleichter Topffarn. Er eignet sich fantastisch als Luftreiniger, denn er nimmt effektiv Kohlendioxid und Schadstoffe aus der Luft auf. Außerdem verdunstet der Schwertfarn fast 90 Prozent des Wassers, das er erhält, und ist damit ein sehr guter Luftbefeuchter. Er verbessert merkbar das Raumklima, besonders im Winterhalbjahr, wenn die Luftfeuchtigkeit in geheizten Räumen niedrig ist.

***Lygodium japonicum* – Japanischer Kletterfarn**
Ein rankender Farn, der sich überall im Haus wohlfühlt, außer in direktem Sonnenlicht. Im Sommer kann man ihn an einem geschützten Platz auch draußen in den Garten stellen.

Links: *Lygodium japonicum*
Rechts: *Nephrolepis exaltata*

FARNE FÜR DIE VASE

Adiantum gilt als klassische Schnittpflanze, besonders zusammen mit roten Rosen. Aber es gibt auch andere, kräftigere Farnblätter, die einen schönen Kontrast zu hellen Blumen ergeben. Im Blumenladen werden oft einzelne Farnblätter zum Verkauf angeboten, u. a. unter dem Namen «Schwertblatt» oder «Lederblatt». Man kann aber auch Blätter von wilden Farnen wie Wurm- oder Straußfarn für einen Blumenstrauß verwenden. Der Adlerfarn verwelkt leider sehr schnell.

GRABGESTALTUNG MIT FARNEN

Viele Menschen möchten eine schöne Grabstätte für ihre Angehörigen schaffen. Dies kann auf ganz unterschiedliche Art und Weise geschehen, weshalb es schade ist, dass so wenig über die Gestaltung schöner Beete auf Friedhöfen gesprochen wird.

Pflanzen stehen für die Vergänglichkeit des Lebens, aber auch für Hoffnung. Sie sind Symbole dafür, dass alles neu geboren wird und dass nach jedem Winter ein Frühling wartet, in dem neues Leben erwacht und neue Hoffnung entsteht. Das gilt unabhängig von einer christlichen Lebensauffassung und kann in schwierigen Momenten des Lebens ein hilfreicher Gedanke sein.

In vielerlei Hinsicht kann man Farne als Pflanzen für die Ewigkeit bezeichnen. Es gibt sie schon seit 400 Millionen Jahren und dank ihres fantastischen Vermögens zu überleben und sich anzupassen, ist es sehr wahrscheinlich, dass es sie noch ewig geben wird.

Farne als Symbol für die Ewigkeit eignen sich daher in besonderem Maß für den Friedhof. Mit ihren ruhigen Farben und Formen fügen sie sich in ihre Umgebung ein und vermitteln einen ruhigen und besinnlichen Eindruck, was an einem friedlichen Ort wie einem Friedhof sehr wichtig sein kann.

In der Vergangenheit pflanzte man häufig Straußfarne, aber auch andere Farne neben den Grabstein. Indem wir Farne auf Gräber oder Freiflächen von Friedhöfen pflanzen, erhalten wir das kulturelle und historische Erbe älterer Friedhöfe und schaffen einen friedlichen Ort, der das ganze Jahr über schön ist. Im Bild unten sind verschiedene Farnarten zu einer ruhigen Grabgestaltung kombiniert.

Adiantum pedatum – Pfauenradfarn
Adiantum venustum – Himalaja-Venushaarfarn
Asplenium trichomanes – Braunstieliger Streifenfarn
Athyrium filix-femina – Wald-Frauenfarn
Athyrium otophorum var. *okanum* – Öhriger Frauenfarn
Cystopteris bulbifera – Brutknospen-Blasenfarn
Deparia acrostichoides
Dryopteris affinis – Schuppiger Wurmfarn
Dryopteris erythrosora – Rotschleierfarn
Dryopteris filix-mas – Echter Wurmfarn
Dryopteris lepidopoda – Himalaja-Wurmfarn
Matteuccia orientalis – Japanischer Straußfarn
Osmunda regalis – Königsfarn
Polypodium vulgare – Gemeiner Tüpfelfarn
Polystichum polyblepharum – Japanischer Schildfarn
Thelypteris palustris – Sumpffarn
Woodsia obtusa – Stumpfblättriger Wimpernfarn

Schöne Begleitpflanzen:
Allium siculum – Sizilianischer Honiglauch
Anemone nemorosa – Buschwindröschen
Pulsatilla vulgaris – Kuhschelle
Viola – Veilchen
Fritillaria meleagris – Schachblume

FARNE ALS TROCKENBLUMEN

Ein Farn ist nicht nur in seinem grünen Gewand hübsch. Er kann auch winterlich verwelkt schön sein – manchmal bietet der dann sogar besonders interessante, grafische Effekte. Die bräunlich-roten Farben der vertrockneten Blätter ziehen an grauen Herbsttagen und ganz besonders im Winter, wenn es geschneit hat, die Blicke auf sich.

«Vom Herbst beladen stehe ich hier,
das Herz erschöpft und schwach die Hand:
Nichts als Ruhe scheint gut mir zu sein,
sprich das Wort, das mich macht frei.»

WILLIAM MORRIS

ÖFFENTLICHE GÄRTEN

Deutschland, Österreich, Schweiz

Botanischer Garten Berlin: Einer der größten botanischen Gärten der Welt mit rund 22 000 Pflanzenarten. Ein eigenes Farnhaus darf da natürlich nicht fehlen.

BoGa München-Nymphenburg: Bedeutender Botanischer Garten auf rund 22 ha Fläche. Farnschlucht im Aussenbereich. Zahlreiche Gewächshäuser, darunter ein eigenes Baumfarnhaus.

Wilhelma, Stuttgart: Zoologisch-botanischer Garten in denkmalgeschützter Parkanlage des 19. Jahrhunderts. Historische Gewächshauszeile, erbaut 1842 nach Vorbild viktorianischer Farnhäuser.

Luisenpark, Mannheim: Größte Parkanlage Mannheims. Die ersten Teile wurden Ende des 19. Jhdts. gegründet. Farngarten mit 150 Arten, Baumfarnhaus.

Grugapark, Essen: Unterhält u. a. ein Bergnebelwald-Pflanzenschauhaus, in dem imposante Baumfarne wachsen.

Botanischer Garten Basel: Einer der ältesten Botanischen Gärten der Welt, 1589 gegründet. Farne im Urweltgarten, im Mooshüsli und natürlich in der Farnschlucht.

Botanischer Garten Genf: Bedeutender botanischer Garten, 1817 gegründet. Gewächshäuser aus dem Viktorianischen Zeitalter. Farne im Außenbereich und in den Gewächshäusern, darunter auch Baumfarne.

Urzeitgarten in den Blumengärten Hirschstetten, Wien: Auch Nebelwaldgarten genannt. Hier wachsen auf rund 1300 m² vor allem Pflanzen, die es bereits vor Lebzeiten der Dinosaurier gab, unter anderem Baumfarne.

Ausführliche Listen aller botanischer Gärten:
Deutschland: www.botanischer-garten.org
Schweiz: www.botanica-suisse.org
Österreich: austria-forum.org/af/AustriaWiki/Liste_von_botanischen_Gärten_in_Österreich

Großbritannien und Irland

BOTANISCHE GÄRTEN

Glasgow Botanic Gardens: Nationale Sammlung von Baumfarnen, u. a. von Papua-Neuguinea. Winterfeste Farne draußen im Garten.

Royal Botanic Garden Edinburgh: Große Sammlung tropischer und subtropischer Farne. Winterfeste Farne draußen im Garten.

University of Oxford Botanic Gardens und **Cambridge University Botanic Garden:** tropische Farne in den Gewächshäusern, winterfeste Farne draußen im Garten.

Royal Botanic Gardens, Kew: Riesige Sammlung tropischer und subtropischer Farne.

Chelsea Physic Garden, London: Eine Farnsammlung, die bereits von Thomas Moore (Kurator 1848–1887) angelegt und beschrieben wurde.

Harlow Carr Botanical Gardens: Sammlung von *Polypodium* und *Dryopteris*.

Birmingham Botanical Gardens & Glasshouses: Sammlungen von Farnen draußen und in Gewächshäusern.

National Botanic Gardens, Glasnevin, Dublin: Tropische Farne in Gewächshäusern, winterfeste Farne draußen im Garten. Sammlungen von *Asplenium trichomanes* und Hymenophyllaceae (Hautfarngewächse).

BESUCHSGÄRTEN

Peckover House & Garden, Wisbech (National Trust): Subtropische und winterfeste Farne in viktorianischen Gewächshäusern und im Garten.

Tatton Park, Knutsford, in der Nähe von Manchester: Eines der schönsten Farnhäuser, entworfen von Joseph Paxton.

Botanical Experimental Grounds der Universität Manchester: Große Sammlung von exotischen Farnen sowie winterfeste britische Farne in Gewächshäusern und im Außenbereich.

Sizergh Castle Garden, Kendal: Nationale Sammlung von *Asplenium scolopendium*, *Cystopteris*, *Dryopteris* und *Osmunda*.

Holehird Gardens der Lakeland Horticultural Society, Windermere: Sammlung von *Polystichum* und über 20 weiteren Familien.

Kingston Lacy House & Garden, Wimborne: Sammlung von *Dryopteris*, *Polystichum*, *Asplenium*, *Athyrium*, *Matteuccia*, *Adiantum*, *Osmunda*. Viktorianisches Farnhaus.

Great Dixter, Northiam: Viele schöne und ungewöhnliche Farne in den Beeten.

Beth Chatto Gardens, Elmstead Market: Zahlreiche verschiedene Farnsorten im Garten, viele davon werden im Gartenshop verkauft.

Sissinghurst Castle Garden, Cranbrook: Viele schöne und ungewöhnliche Farne in den Beeten.

Savill Garden, Windsor Great Park: Große Sammlung winterfester Farne (ca. 550 Arten und Sorten).

Nymans Garden, bei Haywards Heath: Interessante Sammlung von Farnen im Waldgarten und in Beeten; z. B. *Hymenophyllum tunbrigense*.

Schottland

Ascog Hall, Ascog, Isle of Bute: Fantastisch restauriertes viktorianisches Farnhaus.

Benmore Botanic Garden, Dunoon: Große Sammlung von exotischen und winterfesten Farnen in Gewächshäusern und im Außenbereich.

Brodick Castle Garden and Country Park, Isle of Arran: Prachtexemplare von *Athyrium filix-femina* 'Victoriae' sowie viele exotische Farne, Baumfarne und winterfeste britische Farne.

Culzean Castle & Country Park, Maybole: Sammlung heimischer und winterfester Farne in Farnbeeten und im Waldgarten.

Attadale Gardens, Strathcarron: ungewöhnliches, kuppelförmiges Farnhaus. Im Außenbereich Sammlung winterfester Farne.

Wales

Dyffryn Gardens, St Nicholas: Viktorianischer Garten mit interessanter Sammlung von Farnen.

Dewstow Gardens and Grottos, Caerwent, Caldicot: Viktorianischer Pulhamit-Garten. Faszinierendes Grottensystem und Felsenformationen, mit Farnen bepflanzt (siehe S. 121).

Picton Castle, Haverfordwest: Sammlungen von winterfesten und exotischen Farnen.

Cornwall

Glendurgan Garden, Mawnan Smith, Falmouth: Sammlungen von im Freien wachsenden *Dicksonia antarctica*, *Blechnum*, *Woodwardia Radicans*, *Cyathea* u. a.

The Lost Gardens of Heligan, St Austell: Historischer Garten, teils aus Viktorianischer Zeit, mit Steingarten, Grotten, Schluchten und «Dschungel». Heimische und exotische Farne, auch Baumfarne.

Trebah Garden, Mawnan Smith, Falmouth: Schluchtengarten mit riesigen, fast waldartigen Baumfarnpflanzungen.

REGISTER

SACHREGISTER

REGISTER DER DEUTSCHEN ARTNAMEN

REGISTER DER LATEINISCHEN ARTNAMEN

BILDNACHWEIS

Illustrationen von Uffe Jernelo

Fotografien von Elisabeth Svalin Gunnarsson

Folgende Fotografien von Shutterstock.com (l = links, M = Mitte, o = oben, u = unten):
Alex James Bramwell 156 | aquariagirl1970 153 r | asharkyu 15 | Cherdchai Chaivimol 160 u | Dewin ID 23 | Elena Fox 25 | Ery Azmeer 26 ur | finchfocus 128 | Huza Studio 2 | julie deshaies 6 (4. Reihe l), 83 Mr | Kevin Wells Photography 6 (3. Reihe M), 141 (2. Reihe l) | Kuttelvaserova Stuchelova 101 or | KyMoDX 164 l | Le Do 48–49 u | LightField Studios 61 u | Michael Kraus 165 or | Nagib 6 (3. Reihe l) | Nahhana 6 (1. Reihe M) | Nik Merkulov 155 | Pakorn Preechaphong 108 | Serafima Antipova 6 (4. Reihe r), 146 ur | Simia Attentive 26 ul | Sodel Vladyslav 57 M, 64 ul, 78 | Taras Vyshnya 16 l | Wonderful Nature 157 or | Wouter van de Kamp 17 l

DANK

Auch wenn nur mein Name in diesem Buch steht, sind es natürlich viele, die an diesem Buch mitgewirkt haben und viele, die einen herzlichen Dank verdienen, denn ohne sie hätte dieses Buch nie so schön werden können.

Mein ganz besonderer Dank gilt meiner wunderbaren Freundin und Mentorin Elisabeth Svalin Gunnarsson. Mit ihrer überschäumenden Energie, ihrer Klugheit, ihrem Wissen und ihrer Kreativität hat sie dieses Projekt mit fester redaktioneller Hand gelenkt. Ohne sie wäre es nicht möglich gewesen – von ihr stammen auch die fantastischen Bilder!

Nanny Zetterquist und Uffe Jernelo von Jojo-form – Ihr seid echte Profis! Danke, dass ihr dieses Projekt mit so viel Hingabe in Angriff genommen habt. Ihr seid wirklich «Fern crazy»!

Ein großes Dankeschön auch an den Verlag Langenskiöld dafür, dass er es gewagt hat, so viel Herzblut in ein so ausgefallenes Buch über Farne zu investieren.

Ich möchte mich auch bei den Firmen Boråstapeter, Hjertén & Hjertén, Stålhetta und Svenskt Tenn/Carina Seth Andersson bedanken, die mit ihren schönen Produkten zu den Fotos beigetragen haben. Vielen Dank an Åkersberga Växtförsäljning und Slottsträdgården Ulriksdal für ihre Hilfe bei der Auswahl einer Vielzahl wunderschöner Farne. Danke an Bogesund Castle AB, die uns freundlicherweise ihre schönen Räume für die Fotos zur Verfügung gestellt haben, und an Lise-Lotte Björkman, Gartenberaterin und Floristin, die die wunderschönen Farnsträuße gefertigt hat. Wir danken dem Autor Per Gustavsson, dass wir seinen Text über Farne in der Mittsommernacht veröffentlichen dürfen.

Abschließend möchte ich meiner lieben Kollegin Maria Sandström dafür danken, dass sie mich in einer Zeit, in der meine Kreativität am Boden lag, wieder für die Gartenarbeit begeistert hat. Und meiner geliebten Lovisa danke ich dafür, dass sie es erträgt, mit einem Gartenverrückten wie mir zusammenzuleben und mich immer zu unterstützen. Danke, Großvater, dass du mich gelehrt hast, alles halb so schwer zu nehmen.

Und nicht zuletzt möchte ich John Anderson, dem Chefgärtner von Windsor Great Park/Savill Garden und seinem Team für einen fantastischen Besuch in ihren Gärten und die erstaunliche Sammlung von winterharten Farnen danken, die sie uns präsentiert haben.

Anton Sundin

Anton Sundin ist Gärtner mit großer Leidenschaft nicht nur für Farne, sondern auch für Boden- und Nachhaltigkeitsfragen. Neben seiner Tätigkeit als Gartenbaumeister schreibt er über verschiedene Aspekte der Gartenarbeit, hält Vorträge und leitet Kurse und Workshops. Anton ist Mitautor eines Gartenbuchs zum Thema Boden.

Elisabeth Svalin Gunnarsson

Elisabeth Svalin Gunnarsson ist Autorin und Fotografin mit den Schwerpunkten Gartenbau und Kulturgeschichte. Sie hat bereits mehrere Bücher auf Schwedisch verfasst.

ADIANTUM RADDIANUM
RADDIS FRAUENHAARFARN

AGLAOMORPHA MEYENIANA

ASPLENIUM ADIANTUM-NIGRUM
SCHWARZSTIELIGER STREIFENFARN

ASPLENIUM LACINIATUM

ASPLENIUM SCOLOPENDRIUM
HIRSCHZUNGE

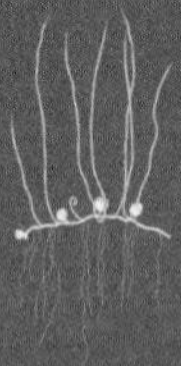
PILULARIA GLOBULIFERA
PILLENFARN

ATHYRIUM NIPONICUM
REGENBOGENFARN

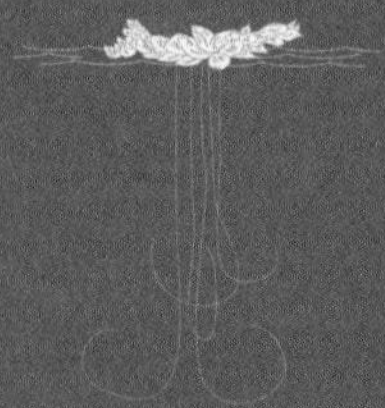
AZOLLA FILICULOIDES
GROSSER ALGENFARN

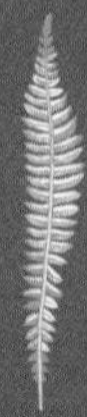
BLECHNUM SPICANT
RIPPENFARN

CYSTOPTERIS BULBIFERA
BRUTKNOSPEN-BLASENFARN

DAVALLIA HETEROPHYLLA

DEPARIA ACROSTICHOIDES

DIPTERIS CONJUGATA

DRYNARIA ROOSII

DRYOPTERIS CRISTATA
KAMM-WURMFARN

GLEICHENIA MICROPHYLLA

GYMNOCARPIUM DRYOPTERIS
EICHENFARN

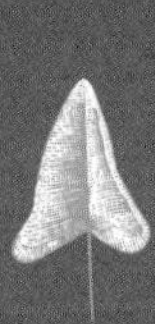
HEMIONITIS ARIFOLIA

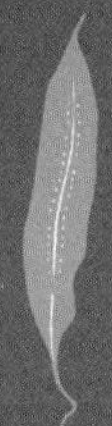
MICROGRAMMA MEGALOPHYLLA

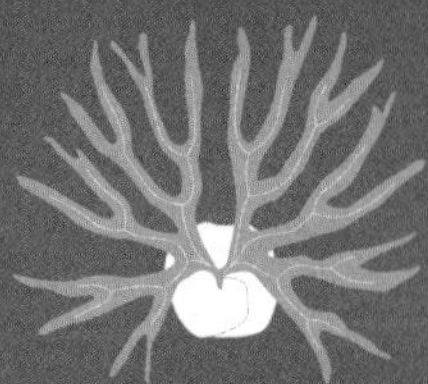
PLATYCERIUM BIFURCATUM
GEWEIHFARN

POLYPODIUM VULGARE
GEWÖHNLICHER TÜPFELFARN

PTERIS ASPERICAULIS

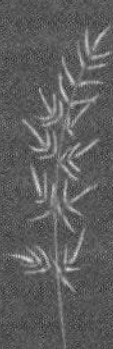
PTERIS ENSIFORMIS

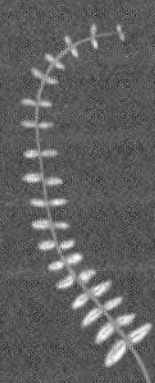
THELYPTERIS REPTANS

OSMUNDA CINNAMOMEA
ZIMTFARN

CYATHEA DEALBATA
SILBERFARN

DRYOPTERIS CYCADINA

DIPLAZIUM SIBIRICUM

ADIANTUM PEDATUM
PFAUENRAD-FRAUENHAARFARN

BLECHUM TABULARE